快速鉴定甜菜品种纯度和真实性的研究

KUAISU JIANDING TIANCAI PINZHONG CHUNDU
HE ZHENSHIXING DE YANJIU

吴则东　著

中国农业出版社
北 京

图书在版编目（CIP）数据

快速鉴定甜菜品种纯度和真实性的研究 / 吴则东著
. —北京：中国农业出版社，2020.3
ISBN 978-7-109-25990-4

Ⅰ.①快… Ⅱ.①吴… Ⅲ.①甜菜－品种鉴定－研究
Ⅳ.①S566.303.3

中国版本图书馆 CIP 数据核字（2019）第 219907 号

中国农业出版社出版

地址：北京市朝阳区麦子店街 18 号楼
邮编：100125
责任编辑：闫保荣　　文字编辑：陈睿赜
版式设计：王　晨　　责任校对：巴洪菊
印刷：北京中兴印刷有限公司
版次：2020 年 3 月第 1 版
印次：2020 年 3 月北京第 1 次印刷
发行：新华书店北京发行所
开本：700mm×1000mm　1/16
印张：9.75
字数：200 千字
定价：45.00 元

版权所有·侵权必究

凡购买本社图书，如有印装质量问题，我社负责调换。

服务电话：010-59195115　010-59194918

前　言

　　2017年4月，农业部发布《非主要农作物品种登记办法》，并于同年的5月1日起施行。糖用甜菜属于非主要农作物，根据办法的规定，非主要农作物登记目录的品种，在推广前应当登记。从2017年至今，已经有100多个糖用甜菜品种进行了登记，登记主要依据形态学特征的差异来分辨品种，由于糖用甜菜的祖先基本都起源于白西里西亚品种，因此糖用甜菜的遗传基础较为狭窄，依靠形态学方法不仅识别困难，而且周期较长，一般需要一个完整的生育周期。而分子标记技术由于可以在甜菜生长的任何阶段进行取样，并且不受环境条件的影响，本书对甜菜几种主要的分子标记技术进行了研究，包括SSR、SCoT、DAMD、SRAP以及ISSR，对相应的分子标记进行了核心引物的筛选，同时对从甜菜基因组DNA的提取、检测、PCR扩增体系、PCR扩增程序、银染以及条带分析等多个影响品种真实性鉴定的流程进行了优化，大大提高了效率。本书所筛选的引物不仅可以用于甜菜品种真实性的鉴定，也可以用于甜菜品系和品种的遗传多样性分析、杂种优势群的划分等多个方面的研究。

黑龙江大学　吴则东

2020年2月4日

目　　录

第一章　综　　述

1.1　品种纯度和真实性鉴定的意义及历史现状

1.1.1　构建甜菜品种特征指纹图谱的意义

甜菜是世界两大糖料作物之一，甜菜糖的产量约占到世界食糖总量的
1/4（Draycott，2006）。我国目前甜菜的种植面积每年维持在 20 万 hm^2 左
右，生产上使用的甜菜品种 99％都是以单胚细胞质雄性不育系为母本，优
良的多胚授粉系作为父本杂交而成，收获时只收取母本上的种子，这样的
种子杂交率高、纯度好，在田间的表现也趋于一致。但是在种子收获过程
中，也会出现个别的企业在收获母本的同时也收获了部分的父本或者人为
掺杂的一些其他品种以及对品种进行张冠李戴的现象，导致种子的纯度和
真实性受到严重的影响，这将给农民和育种家造成重大的损失，也会影响
到甜菜糖工业的健康发展。目前国家还没有一套适合于甜菜品种纯度和真
实性鉴定的分子标记方法，一旦农民购买到假冒伪劣的种子，只能利用形
态学鉴定法对甜菜品种进行鉴别，形态学鉴定的方法一般需要一个完整的
生育期。品种纯度和真实性不过关将大大影响农民的收入以及育种公司的
利益，因此甜菜杂交种纯度和真实性鉴定是甜菜种子生产上面临的一个重
要的问题。目前国内种植的甜菜品种 95％以上来自于国外进口，在生产上
使用的甜菜品种有几十个，而且每年还会新登记 10 余个甜菜品种。由于糖
甜菜基本都来源于西里西亚甜菜（王祖霖，1989），造成甜菜品种的遗传基
础比较狭窄。如果单纯利用形态学的方法对甜菜品种进行鉴别比较困难，
因此非常有必要利用分子标记技术构建现有甜菜品种的指纹图谱，并对每
年新命名的甜菜品种进行指纹加密，这样就能够在甜菜种植之前对品种进
行快速的纯度和真实性鉴定，这对减少农民的损失以及维护甜菜品种市场
的秩序具有重大的意义。

1.1.2 种子真实性和纯度鉴定的方法

品种的纯度和真实性鉴定的方法主要有形态学鉴定法、生物化学法、物理化学法以及分子标记鉴定方法。

1.1.2.1 常规鉴定法

（1）种子形态学鉴定法 形态学鉴定法是指通过品种特有的不同外形将不同的品种进行鉴定，是品种鉴定的一项重要依据。它是在品种鉴定中使用最早，也是最简单、经济的基础方法（王芳，2008）。例如王芳等（熊利荣，2010）利用种子的面积、周长、半径等9个参数建立的稻谷种子模型，判断稻谷品种的真实性，效果就非常的好。还有人利用种子的颜色进行鉴别（颜廷进，1999，杨通银，2004）。由于种子形态学鉴定法鉴定的性状有限，而且当品种之间的差异很小时，鉴定起来就相当的困难，尤其对于糖料甜菜种子，无论是多胚种还是单胚种，种子的颜色都是黄色，而且目前国外进口的甜菜种子都进行了包衣或者丸粒化进行处理，所以很难依据种子形态学进行鉴别。

（2）幼苗形态学鉴定法 幼苗形态学鉴定法也就是田间小区种植法，是以前使用最多也最具有权威的一种鉴定方法，它是在作物的生长季，将来源确定的真实品种和对照品种一起种植，通过在生长季节中品种在田间表现出特有的性状，如叶片形状、叶片数、叶片颜色等来鉴别种植品种的真伪性，以前很多品种纠纷都是通过此种方法进行鉴定仲裁的。田间小区种植法由于是在作物的整个生长季节都能够进行鉴定，鉴定使用的性状较多，因此结果比较准确可靠。但此种方法也有很多缺点：①测试的周期长，有时要在整个植物全部的生长季节才能够鉴定，不能适应快速鉴定的需要。②表型易受环境的影响，温度、光照、水分等都能够对植株的性状造成影响。③由于目前核心材料的大量应用，使得作物的遗传基础越来越狭窄，很多品种使用同一授粉系或者不育系，因此利用外形性状进行判断越来越难。④形态学标记的数量有限，而品种越来越多，因此不能够满足品种鉴定的需要。目前对甜菜进行品种鉴定还主要是依据田间小区种植法，例如2008年10月，新疆伊犁州种子检测中心以进口的 KWS9103 做对照，首次开展了 KWS9103 甜菜种子真实性和品种纯度种植鉴定，证明此种方法可行（吴则东，王华忠，2010）。

1.1.2.2 生物化学鉴定法

生物化学法鉴定种子的纯度和真实性始于20世纪80年代，是在分子水平上对具有不同遗传特征的品种进行鉴定的方法，这一方法近年来发展较快，准确度也很高，主要有同工酶电泳法和蛋白质电泳法。

（1）同工酶电泳法 由于基因型的差异会导致同工酶结构上的不同，因此在电泳中就会产生多态性的条带，目前同工酶应用较多的是过氧化物同工酶、酯酶同工酶，很多作物都已经利用同工酶构建了相应的指纹图谱，例如黑稻、玉米及油菜等（丁锐，2006；贾希海，1992；郑文寅，2007）。但是由于同工酶的数量有限，而且酶的活性容易失去，提取条件严格，提取受到一定的限制，而品种之间的差异越来越小，遗传基础越来越窄，因此利用同工酶电泳法鉴定品种纯度和真实性受到一定的限制。

（2）蛋白质电泳 蛋白质电泳的检测对象是直接从种子中提取的蛋白质，主要是种子中的球蛋白、谷蛋白和醇溶蛋白等。蛋白质电泳由于不受低温环境的限制，提取方便，而且成分相对稳定，因此这方面的研究也比较多。张春庆等（1998）利用棉花种子中的水溶性蛋白，对不同的棉花种子进行区分，发现水溶性蛋白谱带最丰富、清晰，其多态性强，可作为棉花品种鉴定和种质资源研究的依据；高居荣等（2003）以小麦种子醇溶蛋白为基础，利用聚丙烯酰胺凝胶电泳建立了一套适合于小麦品种鉴定的体系；柳李旺等（2003）通过利用十二烷基硫酸钠（SDS）-聚丙烯酰胺凝胶电泳（PAGE）技术对辣椒 F_1 及其亲本的种子蛋白进行分析，所得结果与田间小区鉴定结果一致。朱飞雪等（2007）利用水溶蛋白和盐溶蛋白构建了五种不同苜蓿种子的蛋白质指纹图谱。此外在燕麦（刘敏轩，2006）、粳稻（金伟栋，2007）、小麦（赵伟，2007）等作物上也进行了相关的研究。

1.1.2.3 物理化学鉴定法

由于某些特殊的化学试剂会在种子中发生特殊的反应，因此可以利用这些试剂对种子的生理生化指标进行测定，常用的试剂主要有苯酚和愈创木酚。苯酚染色法是 1922 年由 Pieper 发明的，也是国际种子检验规程和我国公布的农作物种子检验规程所规定的办法，染色原理是酚和作物种皮内的含氮化合物发生化学反应，生成了苯醌，而产生不同的颜色。根据不同的种子染色后产生的颜色不同而对种子进行区分，这一方法在小麦上应用较多（王玉兰，2008；张义君，1987）。愈创木酚法（彭汝生，2004）是依据种子内的过氧化物酶在过氧化氢的作用下，氧化愈创木酚生成红褐色的产物，由于过氧化物酶活性的不同、大小不同，因而产生的颜色不同。牛福肉等（2003）利用愈创木酚法对大豆品种的纯度进行了验证，证明了此法经济实用，简便易行。但此法在甜菜种子纯度上的应用还未见有报道。

1.1.2.4 DNA 分子标记鉴定技术

DNA 分子标记是以 DNA 分子多态性为基础的一种遗传标记，能稳定遗传，可以体现生物的个体和群体特征，一般通过电泳方法进行检测（方宣钧，2000）。DNA 分子标记根据其来源可分成 3 大类。一类是通过限制性内切酶切割，然后结合分子杂交技术获得的标记，如限制性片段长度多态性 RFLP（restriction fragment length polymorphism）标记；第二类是通过 PCR 扩增获得的标记，如随机扩增多态性（random amplified polymorphic DNA，RAPD）、简单序列重复多态性（simple sequence repeats，SSR）、简单重复序列间区（inter-simple sequence repeats，ISSR）、相关序列扩增多态性（sequence-related amplified polymorphism，SRAP）等；第三类是通过限制性酶切割和 PCR 扩增获得的标记，如扩增片段长度多态性（amplified fragment length polymorphism，AFLP）标记。由于分子标记检测的是 DNA 片段，并且不受环境条件的影响，在植物的任何阶段均可检测，并且是体细胞遗传，而且分子标记的数量非常多，遍布整个基因组，所有这些都是其他检测方法所不能比拟的，有的分子标记还具有共显性，例如 SSR，可以用来鉴别杂交种的纯度。

表 1-1　各种分子标记的优缺点

标记名称	优　　点	缺　　点
RFLP	遍布低拷贝序列	操作复杂
RAPD	操作简单，引物通用	标记为显性，结果不稳定
AFLP	多态性高，重复性好	操作麻烦，有专利限制
SRAP	操作较为简单，多态性好	显性标记多，统计困难
SSR	操作简单，共显性，重复性好	多态性稍差，开发较难
STS	共显性，特别适合连锁图的构建	设计困难
ISSR	引物具有通用性	标记为显性，扩增较差
SCAR	操作简单，共显性	从其他标记转化

（1）RFLP 分子标记技术　RFLP 技术是最早应用的分子标记技术，是在 1974 年由 Grozdicker 发明的。它的基本原理是，DNA 经限制性内切酶解后，产生若干不同长度的小片段，其数目和每一片段长度反映了 DNA 限制性位点（restriction site）的分布。由于不同来源的 DNA 具有不同的限

制性酶切位点分布，每一种 DNA 以及限制性酶组合所产生的片段是特异的，从而产生多态性，所以它能作为某一 DNA 的特有指纹。这些不同的片段经琼脂糖电泳分离，印迹转移（Southern transfer）至硝酸纤维素滤膜或尼龙膜上；然后用一放射性同位素标记的特定 DNA 探针杂交；放射自显影后，杂交带便能清晰地在 X 射线胶片显示出来。若样品间 DNA 有差异，则可产生不同长度的酶切片段，显示出不同的杂交带型，这种差异就是RFLP（邓俭英，2005）。RFLP 技术在甜菜遗传图谱的构建上应用较多，如Barzen 等人（1995）利用 RFLP 和 RAPD 标记构建了甜菜的遗传图谱，这个图谱包括 248 个 RFLP 标记和 50 个 RAPD 位点，包含一个抗丛根病的基因 $RZ1$ 和控制下胚轴颜色的基因 R 以及控制甜菜单胚特性的基因 M。Halldén 等人（1996）利用 RFLP 标记构建了第一个甜菜高密度的遗传连锁图，平均遗传距离为 1.5cM，覆盖 621cM。另外 RFLP 标记还应用于甜菜的育种中，Barzen 等人（Barzen，Mechelke，2005）构建了覆盖甜菜 9 条染色体的遗传连锁图谱，包括 111 个 RFLP 位点，其中也包括抗丛根病的基因 $RZ1$。由于 RFLP 广泛分布于植物体内，对分子标记的检测不受环境条件的影响，因此应用也非常的广泛。但是由于 RFLP 技术操作复杂，而且还要使用放射性的材料，对 DNA 的质量要求很高，因此在品种纯度和指纹图谱的构建上应用较少，目前在国内仅有一例，是利用 RFLP 技术构建了 9 个家蚕品种的指纹图谱（程道军，2000）。

　　（2）RAPD 分子标记技术　1990 年 Williams 等人以 PCR 技术为基础发明了 RAPD 技术，它是利用人工合成的 10 个核苷酸左右的随机引物对基因组 DNA 进行扩增，利用扩增片段的差异性来对生物个体进行检测。由于该技术使用的 DNA 量较少，对 DNA 的质量要求不高，引物也没有品种的特异性，成本也较低，因此该技术发明后就得到了广泛的应用。如番茄（栾雨时，1998）、西瓜（欧阳新星，1999）、玉米（吴敏生，1999）、辣椒（柳李旺，2003）以及黄瓜（孙敏，2003）等，都利用 RAPD 技术进行了品种纯度鉴定方面的研究。RAPD 技术也很好地应用于作物的指纹图谱构建，如郭旺珍等（1996）仅利用一条 RAPD 引物就区分了 9 个主栽棉花品种；杨飞等（2007）发现 153 条 RAPD 引物对于金银花具有多态性，仅利用一条引物就完全可以将 5 个金银花的品系区分开来。王红意等（2009）利用一条引物区分了 30 个甘薯品种。目前国内利用 RAPD 技术在甜菜上的应用主要是在亲缘关系的鉴定和遗传多样性分析（腊萍，2010；路运才，2000；路运才，2006)，而国外利用 RAPD 技术在甜菜上开展了很多工作，如利用 RAPD 技术检测体细胞无性系变异 (Munthali，1996)、构建指纹图谱 (Uphoff，1995) 以及数量性状基因座 (QTL) 定位 (Grimmer，2007) 等。RAPD 技术虽然具有很多的优点，但是同时也有自身的缺点，如引物筛选工作量大、重复性较差、显性遗传以及多态性不足等，限制了它的应用 (张晗，2003)。

(3) AFLP 分子标记技术　AFLP 技术是由荷兰科学家 Pieter Vos 在 1995 年发明的。它结合了 RFLP 和 PCR 的共同特点，首先利用限制性内切酶对基因组 DNA 进行酶切，然后利用连接酶对酶切片段加上接头，先进行一次预扩增，检测完后，再对预扩增的产物进行 PCR 扩增。由于酶切时可以选用不同的酶进行切割，在扩增的时候也可以选择不同的引物，因此理论上 AFLP 可以产生无限多的带型，多态性丰富，覆盖整个基因组 (李韬，2006)。AFLP 被认为是多态性最好的一项分子标记技术，重复性好、可靠性高，非常适合于纯度鉴定和指纹图谱的构建 (戴剑，2011)。田雷等 (2001) 利用一对 AFLP 引物就能够将 5 个甘蓝杂交组合及其 10 个父、母本分开，试验也表明了 AFLP 扩增条带非常丰富，平均为 54.5 条。翟文强等 (2002) 利用一对 AFLP 引物区分了哈密瓜及其杂种，证明此种技术在哈密瓜品种真实性鉴别上的可行性。田清震等 (2001) 利用 17 对 AFLP 的引物组合，建立了我国 92 份代表性野生大豆和栽培大豆的 AFLP 指纹图谱，并且发现了具有大豆种间特异性的带纹。李双玲等 (2006) 通过对山东主栽的 10 个花生品种进行分析，发现只需要 2 对引物组合就可以区分全部的品种。陈碧云等 (2007) 利用 4 对 AFLP 引物构建了 89 份油菜区试品种的指纹图谱。目前 AFLP 在甜菜上的应用主要是遗传图谱的制作 (Jones，1997；Schondelmaier，1996)、甜菜某些性状的 QTL 定位 (Gidner，2005；Grimmer，2007；Nilsson，2008) 等，在品种纯度鉴定以及指纹图谱的构建上还没有展开相关的工作。另外 AFLP 也具有自身的缺点，比如 AFLP 对于 DNA 的质量要求很高，实验步骤繁杂，一般整个实验下来需要两天的时间，而且需要的药品也较多，很多因素都能够影响实验的结果，一般的实验室难以开展工作，此外，AFLP 还涉及专利的问题，使其发展受到一定的制约 (李韬，2006；孙秀峰，2005；许云华，2003)。

(4) SRAP 分子标记技术　SRAP 分子标记技术是由美国加利福尼亚大学蔬菜系 Li 与 Quiros 于 2001 年在芸薹属作物中开发出来。该标记通过独特的双引物设计对基因的开放阅读框（open reading frames，ORF）的特定区域进行扩增，上游引物长 17bp，对外显子区域进行特异扩增，下游引物长 18bp，对内含子区域、启动子区域进行特异扩增。因不同个体以及物种的启动子、内含子与间隔区长度不同而产生多态性。该标记具有简便、高效、产率高、高共显性、重复性好、易测序、便于克隆目标片段的特点，目前已成功地应用于作物遗传多样性分析、遗传图谱的构建、重要性状的标记以及相关基因的克隆等方面（李严，2005）。目前 SRAP 分子标记在甜菜上的应用仅限于遗传多样性的分析（王华忠，2008；王茂芊，2010），在甜菜品种纯度鉴定及指纹图谱构建上尚属空白，而很多作物都已经利用 SRAP 分子标记技术进行了品种纯度鉴定和指纹图谱的构建，如王从彦等（2008）利用两对 SRAP 引物对西瓜杂交种纯度进行鉴定，结果与田间试验相似；李亚利等（2010）利用两对 SRAP 引物鉴定了两个辣椒品种的纯度，结果与田间纯度鉴定非常的相似，证明此种方法有效；文雁成等（2006）利用 SRAP 引物构建了油菜品种的指纹图谱；黄进勇等（2009）利用 5 对 SRAP 引物构建了 19 个玉米杂交种的指纹图谱；另外萝卜（赵丽萍，2007）、高粱（高建明，2010）等作物也利用 SRAP 进行了指纹图谱构建的研究。虽然 SRAP 具有很多的优点，但在指纹图谱的构建上，因其扩增的谱带较多、不易识别、统计困难而使其应用受到限制（文雁成，2006）。

（5）ISSR 分子标记技术　ISSR 分子标记技术是由 Zietkeiwitcz 等人于 1994 年发明，它的基本原理是根据在生物基因组内广泛存在微卫星序列而设计的单一引物，也就是在 3′或者 5′端锚定几个随机的碱基，利用此单引物对基因组进行扩增。由于 ISSR 引物可以在所有物种中通用，不需要再重新设计引物，并且具有快速、重复性好、多态性强等特点而得到了广泛应用。目前很多作物都利用 ISSR 技术进行指纹图谱的构建，如葛亚英等人（2012）利用 4 条多态性好的 ISSR 引物构建了 41 个凤梨品种的指纹图谱；刘威生等人（2005）利用两个 ISSR 引物构建了 12 个杏品种的指纹图谱；缪恒彬等人（2008）仅用一条 ISSR 引物就完全区分了 25 个小菊品种。甜菜的 ISSR 研究相对较晚，吴则东等人（2015）对适合甜菜品种鉴定的 ISSR 引物进行了筛选，刘巧红等人（2012）利用 1 条 ISSR 引物对 10 个甜菜品种（系）进行鉴定，而刘华君等人（2017）利用 ISSR 分子标记技术分析了 20 个甜菜品种的遗传多样性。

（6）SNP 分子标记技术　SNP（single nucleotide polymorphism，

SNP）也就是单核苷酸多态性，它广泛分布在生物的基因组中，物种遗传多样性的基础就是基因变异，而基因变异当中较多的就是单个碱基的差异，包括单个碱基的插入或者缺失，最多的则是单个碱基的置换，这就是单核苷酸多态性（孔祥彬，2005）。由于 SNP 分布非常广泛，适于快速、规模化的筛选，易于基因分型以及容易估计等位基因的频率，得到了快速的发展。同时 SNP 也用于指纹图谱的建立以及品种纯度的鉴定，Tenaillon 等人（2001）发现在玉米的两个随机样品中每隔 104 个碱基就有一个 SNP 位点，多态性比人和果蝇中的 SNP 还要高。目前应用 SNP 技术进行品种纯度和真实性鉴定的报道较少，兰青阔等人（2012）利用高分辨率熔解曲线技术筛选出了能够对黄瓜品种纯度进行鉴定的 SNP 位点，此位点在 30 多个黄瓜品种中的多态性信息含量（PIC）为 0.401，利用该方法准确鉴定了一个黄瓜品种的纯度，说明此方法可以用于特异性、一致性和稳定性（DUS）测试；李欧静等人（2012）利用 SNP 技术进行黄瓜品种纯度的鉴定，他们分析了黄瓜的一个 SNP 位点，此位点在 16 份黄瓜杂交种中的多态性信息含量很高，属于高度多态，可以为 7 个黄瓜品种进行纯度分析，同时建立了高效的检测分析模型；王大莉（2012）在香菇的后选基因中发现了 54 个 SNP 位点，筛选出了 6 个后选基因以区别 22 个香菇栽培品种。SNP 技术在甜菜上也得到了广泛的应用，如 Grimmer MK 等人（2007）利用 SNP 技术找到了 5 个甜菜抗白粉病的基因，甜菜白粉病可以导致甜菜减产 30%，Grimmer 等人找到的抗白粉病基因分别位于甜菜的第二号染色体和第四号染色上；Grimmer 和 Trybush（2007）利用 SNP、AFLP 和 RAPD 技术构建甜菜的遗传连锁图，同时制作甜菜抗丛根病的 QTL 图，确定了一个抗丛根病的基因 RZ4；Gaafar RM 等人（2004）利用 SNP 标记制作了甜菜抽薹基因的精密图谱；Bakooie M 等人（2018）找到了一个抗甜菜根结线虫的 SNP 标记，可以用来区分抗性和非抗性的甜菜品系。SNP 技术虽然优点很多，但应用于大规模的检测需要有相应的基因芯片作为依托，因此将来随着科技的发展，基因芯片的逐步开发，利用 SNP 技术进行品种纯度和真实性的鉴定将会越来越规模化。

（7）SSR 分子标记技术　　SSR 也称为微卫星 DNA（microsatellite DNA）、短串联重复（tendom-repeats）或简单序列长度多态性（simple sequence length polymorphism），它通常是指以 2～5 个核苷酸为单位多次串联重复的 DNA 序列，也有少数以 1～6 个核苷酸为串联重复单位。串联重

复次数一般为 $10\sim50$ 次，如 $(A)_n$、$(TC)_n$、$(TAT)_n$、$(GATA)_n$、$(GA)_n$、$(AC)_n$ 以及 $(GAA)_n$ 等。同一类微卫星 DNA 可分布在基因组的不同位置上，长度一般在 100bp 以下，由于重复次数不同，从而产生了多态性。由于 SSR 两端的序列一般是相对保守的单拷贝序列，通过这段序列可以设计一段互补寡聚核苷酸引物，对 SSR 进行 PCR 扩增，SSR 多态性多是由简单序列重复次数的多少引起的差异，通常表现为共显性（罗冉，2010）。目前 SSR 分子标记已经广泛应用到甜菜的群体遗传多样性分析（Desplanque，1999；Li，2010）、评价基因的流动（Cureton，2002）、遗传图谱的构建（Laurent，2007；Rae，2000）以及某些性状的 QTL 定位（Gidner，2005）等。SSR 分子标记技术在其他作物上研究的很多，如在品种纯度的鉴定上，武耀廷等人（2001）利用筛选出的 4 对 SSR 标记，成功地区分了陆地棉品种湘杂 2 号、皖杂 40、中棉所 28、南抗 3 号的 F_1 杂种和它们的亲本；李晓辉等（2003）利用筛选出的 2 对引物，就可以成功地将 13 个玉米杂交种区分开；辛业芸等（2005）也利用 SSR 分子标记技术成功地区分了 5 个超级稻组合；梅德圣等（2006）利用 SSR 技术对杂交油菜种子杂油 8 号进行纯度鉴定，鉴定的结果与田间种植的结果非常接近。在指纹图谱的构建方面，SSR 分子标记也因其条带清晰、重复性好等特点而得到了广泛应用，如肖小余等人（2006）构建了四川省主要杂交水稻品种的指纹图谱，并且找到了一个品种的特异性引物，可以用于纯度的鉴定；程保山等（2007）利用 12 对 SSR 引物构建了 35 个粳稻品种的指纹图谱，并且发现了 6 个品种可用单一的引物加以识别；段艳凤等（2009）仅利用 6 对 SSR 引物就构建了 88 个马铃薯品种的指纹图谱，并且进行了聚类分析，结果表明，马铃薯的遗传基础比较狭窄；匡猛等（2011）仅利用 5 对 SSR 引物组合就完全区分开了 2008 年我国 3 大棉区的 32 份棉花主栽品种。目前甜菜利用 SSR 分子标记技术构建指纹图谱的研究较少，牛泽如等（2010）利用 ISSR 和 AFLP 标记共同开发了甜菜的 SSR 引物；史树德等（2011）利用甜菜的表达序列标签（EST）数据开发了 EST-SSR 引物；吴则东等（2016）对部分甜菜 EST-SSR 以及基因组 SSR 引物进行了筛选。

由于 SSR 分子标记扩增的谱带少、易于识别、统计方便等特点，因而更加适合品种纯度的鉴定以及指纹图谱的构建，目前水稻已经利用 SSR 基本完成了 900 份水稻品种的指纹图谱，而且随着品种的增加不断加密（戴剑，2011）。目前我国的甜菜品种有几十个，而相关的研究还没有展开，因此亟须利用 SSR 分子标记构建甜菜现有品种的指纹图谱，并每年对新审定的品种进行加密处理，以避免同一品种反复申报，并真正保护育种家以及农民的利益。目前，生产上使用的甜菜品种 99％都是以不育系作母本，种子的遗传基础一致性非常好，这就为甜菜品种纯度的鉴定以及指纹图谱的构建奠定了基础，而甜菜 SSR 引物（Cureton，2002；Laurent，2007；Li，2010；Schmidt，1996；Smulders，2010；牛泽如，2010）目前已经有上万对，这也使得利用 SSR 引物构建甜菜品种指纹图谱，并随着甜菜品种的增加而不断加密指纹成为可能。

1.2 应用分子标记鉴定甜菜品种的真实性和纯度需要解决的问题

很多作物都已经有了规范的鉴定品种纯度的指纹技术，如已经颁布了 NY/T 1432—2014《玉米品种鉴定技术规程　SSR 标记法》、NY/T 1433—2014《水稻品种鉴定技术规程　SSR 标记法》等国家标准、行业标准和地方标准。甜菜在利用分子标记技术鉴定品种纯度和真实性的研究上还属空白，因此就需要建立一套适宜于甜菜分子标记的品种纯度鉴定方法，这套方法的特点就是要简单、快速、实用、污染小以及易于一般实验室使用，这就要求在多个方面进行优化，对能够影响品种纯度鉴定的每一步进行考虑，如快速提取甜菜基因组 DNA 并快速检测质量和含量、对影响甜菜 PCR 反应的体系进行优化、对 PCR 程序进行简化、筛选适合于真实性鉴定的核心引物，并探讨甜菜多重 PCR 体系的可能性以及筛选适合于多重 PCR 的引物。

1.2.1 快速提取甜菜 DNA 的研究

目前提取 DNA 的主要方法有 SDS 法（旦巴，2011）、十六烷基三甲基溴化铵（CTAB）法（闫庆祥，2010）、碱裂解法（孙利萍，2012）、使用试剂盒等，提取 DNA 的样品大都使用叶片，利用液氮进行研磨。这些方法中 SDS 法和 CTAB 法时间最长，提取一次大约需要一个工作日，但两种方法提取的 DNA 含量较高，碱裂解法提取的 DNA 含量较低，但提取的时间短，十几分钟就可以提取几十份 DNA，而且不需要液氮的研磨。在品种纯度鉴定的过程中，使用的样品数量可能达到上百个，如果使用传统的提取方法，仅仅提取 DNA 就需要一天的时间，因此提取 DNA 的速度大大影响品种鉴定的时间和速度，本书使用碱裂解法并与 SDS 法和 CTAB 法进行对比，探讨一套利用甜菜干种子或者干粉快速提取甜菜基因组 DNA 的方法，加速品种纯度和真实性鉴定的速度。

1.2.2　PCR 反应体系和程序的优化

目前使用的 PCR 体系大都是 $20\mu L$ 或者 $25\mu L$，从节省的角度需要减少 PCR 反应的体系，如有的学者将 PCR 反应体系减少到最低 $5\mu L$。反应程序则直接影响到品种纯度鉴定的速度，目前甜菜 SSR-PCR 反应的程序基本上都是 94℃预变性 4min，然后 94℃变性 30s 到 1min，退火 1min，72℃延伸 45s 到 1min，35 个循环，整个程序需要 150~180min，有些作物的程序已经进行了优化，如玉米（高文伟，2004）、水稻（刘之熙，2008）等的反应程序进行了优化。优化后的程序为：94℃预变性 4min，然后 94℃变性 15s，退火 15s，72℃延伸 30s。整个程序的时间由 2.5~3h 减少到 1.5h，大大加快了鉴定的速度，而且有些扩增使用降落 PCR，可以实现在未知引物退火温度的情况下进行扩增。本实验准备对甜菜不同 PCR 反应体系以及程序进行优化，在不改变扩增产物的前提下，尽量缩短反应的时间以及节省药品。

1.2.3　PCR 扩增体系的改变以及产物检测方法的改进

目前使用的 SSR-PCR 扩增体系都是单一 SSR 引物反应，在一次反应中仅仅使用一对 SSR 引物，而多重 PCR 则是在一次 PCR 扩增中使用 2 对以上的 SSR 引物，这样不仅节省材料，而且在品种纯度鉴定中也大大地节省了时间。在很多作物中进行了相关方面的研究，如王凤格等人（2003）进行了玉米二至四重 PCR 反应的探索；而武文艳等人成功构建了玉米六重 PCR 反应体系，并且找到了一个七重 PCR，并对体系进行了优化。本书探讨对甜菜的核心引物进行多重 PCR 反应体系的建立和优化，成功建立多重 PCR 体系，有望在一次 PCR 反应中鉴定品种的纯度和真实性。另外我们也将对检测方法进行改进，目前对 PCR 产物的检测方法主要有琼脂糖电泳检测法、非变性聚丙烯酰胺凝胶检测法和变性聚丙烯酰胺凝胶检测法，琼脂糖检测的方法虽然操作起来比较方便，但是由于琼脂糖的分辨率较低，很多带型无法显示，因此在多品种的鉴定上很难使用。另外琼脂糖电泳的一个缺点是要使用毒性较大的溴化乙啶（EB），检测完后，EB 处理成了一个新的问题；变性聚丙烯酰胺凝胶电泳虽然分辨率很高，但操作起来也比较麻烦，使用的药品也较多；而非变性聚丙烯酰胺凝胶电泳配合快速银染技术则大大加速了品种纯度检测的速度，使用国产的双板夹心垂直板电泳槽，一次就可点样 100 个，一个成熟的技术操作人员一天就可以操作大约 4 板，也就是 400 个样品。我们准备利用非变性聚丙烯酰胺凝胶对 PCR 产物进行分离，同时探讨使用快速银染法对产物进行检测，以加快检测速度。

1.2.4 甜菜不同分子标记技术核心引物的筛选及指纹图谱的构建

目前可以查阅到的甜菜 SSR 引物有百余对（Cureton，2002；Laurent，2007；Li，Schulz，2010；Schmidt，1996；Smulders，2010；Viard，2002；牛泽如，2010），同时由于 EST-SSR 引物的开发以及基因组 SSR 引物的开发，使得甜菜的 SSR 引物已经达到了上万对，每对引物的扩增能力各不相同，有些没有多态性，有些引物带多而杂，不容易分辨，这些引物都不适合在品种纯度鉴定中使用，因此有必要对甜菜的 SSR 引物进行筛选，选择那些带型清晰、多态性高、易于识别的引物作为甜菜品种纯度和真实性鉴定的核心引物，用于甜菜品种纯度和真实性的检验，由于甜菜品种在父、母本配置上越来越倾向于使用某些固定品系，使得不同的甜菜品种之间的遗传基础越来越狭窄，鉴别甜菜品种越来越困难，而且每年我国都会有几个到十几个新登记的甜菜品种，这些品种也需要不断利用分子标记手段将其指纹纳入原有的指纹图谱中，这就需要不断更新和寻找新的 SSR 核心引物，以适应不断增加的甜菜新品种的需要。目前在很多作物中都在利用生物信息学技术开发 SSR 引物，也就是将从 NCBI 数据库中查询到的 EST 进行拼接，然后再根据 SSR 两端具有保守序列这一特征进行引物的设计，例如小麦（Gupta，2003）、棉花（Qureshi，2004）、谷子（Jia，2007）等。史树德等人也利用 EST 开发出了上千对甜菜的 SSR 引物，能够满足不断增长的甜菜品种需求。同时利用 SSR 核心引物构建甜菜 DNA 指纹图谱，并利用新筛选出来的 SSR 核心引物不断对新产生的甜菜品种进行加密，对指纹图谱不断进行完善，使每一个甜菜品种都能够有一个唯一的 SSR 指纹身份证。

同时，很多其他引物也已经在甜菜上得到了很好的应用，如 SRAP、Indel、SCoT、ISSR 以及 DAMD 等引物，这些引物有一些能够扩增出清晰的条带，并且具有极好的多态性，这些引物单独使用或者互相配合，对于实现甜菜品种纯度或者真实性的快速鉴定具有重要的意义。

1.3　本书的目的意义和技术路线

甜菜是我国北方重要的经济作物，主要种植在新疆、内蒙古、甘肃以及黑龙江这四个省份，我国目前使用的甜菜品种种子95％以上依靠从国外进口，由于从国外进口的甜菜品种大都使用包衣或者将品种进行丸粒化处理，为了确保农民使用上真正的优良甜菜品种，杜绝假冒品种以及纯度不高品种的使用，有必要对现在我国大面积种植的甜菜栽培品种进行指纹图谱的构建，并确立一套可行的、简便的检测方法，利于不同的实验室交流，使品种纯度和真实性的检验在农民播种之前就可以进行。

本研究应用不同的分子标记技术对甜菜品种进行指纹图谱的构建的研究，并开展快速、简单鉴定甜菜品种纯度和真实性的研究，为分子标记技术应用于甜菜品种纯度和真实性的快速检测提供科学依据，以保护育种家以及农民的利益。

本研究拟从以下几个方面开展（图1-1）：

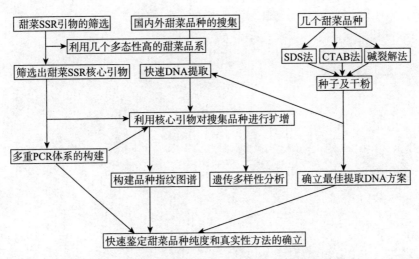

图 1-1　利用分子标记构建甜菜品种指纹图谱的技术路线图

①以甜菜干种子和叶片干粉为材料，分别利用 CTAB 法、SDS 法和碱裂解法对甜菜基因组 DNA 进行提取，探索一种高效、快速、简单提取甜菜

基因 DNA 的方法,为快速鉴定甜菜品种纯度和真实性服务。

②利用几个差异较大的甜菜品种对目前文献上查找到的分子标记进行扩增,每个实验至少重复一次,选择带型清晰、重复性好、多态性高的引物作为甜菜不同分子标记技术的核心引物,以用于甜菜品种纯度和真实性的鉴定。

③简化甜菜品种纯度鉴定的方法,对反应体系和程序以及检测手段进行优化,制定出一套简单、可行的检测方法,以利于不同实验室的交流及使用。

④尝试探索甜菜多重 SSR-PCR 的可能,并对甜菜多重 SSR-PCR 体系进行优化以及筛选可用于多重 PCR 的引物。

⑤利用筛选出的核心引物构建国内外甜菜品种的指纹图谱,分析其遗传多样性,寻找适合不同品种鉴定的特殊引物,使快速鉴别甜菜品种纯度和真实性成为可能。

第二章　甜菜基因组 DNA 提取方法的研究

2.1　不同方法快速提取甜菜干种子基因组 DNA 的研究

　　首先利用不同的碱裂解法对甜菜干种子基因组 DNA 进行提取，找到一种快速提取甜菜干种子基因组 DNA 的方法，然后利用此方法和 SDS 法、CTAB 法共同对甜菜干种子基因组 DNA 进行提取，并利用 1‰琼脂糖电泳检验 DNA 的纯度，对比 λDNA 判断所提取 DNA 的含量，探讨不同方法提取甜菜干种子基因组 DNA 的差异性。结果表明，SDS 法和 CTAB 法提取的基因组 DNA 含量较高，提取的 DNA 总量接近，碱裂解法提取的 DNA 含量较低，三种方法提取的 DNA 均能够满足 SSR-PCR 反应的要求，并且扩增条带没有差异，由于碱裂解法提取 DNA 快速和简单，因此适用于大群体 DNA 的提取以及对模板要求不高的 PCR 反应，而 SDS 法及 CTAB 法适用于一次性大量提取甜菜基因组 DNA 以及对于 DNA 纯度要求较高的 PCR 反应。

　　植物基因组 DNA 的提取主要有 SDS 法、CTAB 法及碱裂解法等三种方法（田再民，2009），甜菜基因组 DNA 目前主要以利用 SDS 法或者 CTAB 法对甜菜叶片进行提取，利用甜菜叶片提取 DNA 需要播种、采集叶片以及液氮处理等很多步骤，提取时间长。而另外的方法则是将叶片经真空冷冻干燥机处理后成为干粉，或者将干种子研磨成干粉再进行提取 DNA 的工作，这两种材料的特点都是携带方便，不需要特殊的处理，在室温的条件下就可以长期保存。本研究先采用不同的碱裂解法对甜菜干种子及干粉对基因组 DNA 进行提取，然后选取最好的方法再和 SDS 法及 CTAB 法进行对比提取，探索三种不同方法提取甜菜基因组 DNA 的优缺点以及对不同方法提取甜菜基因组 DNA 的用途进行探讨，便于科研人员根据不同的目的选用不同的方法进行快速提取甜菜基因组 DNA。

2.1.1 试验材料和方法

2.1.1.1 试验材料

利用黑龙江大学农作物研究院遗传改良重点实验室提供的 4 个甜菜品系（分别是二倍体遗传单粒细胞质雄性不育系 JV7、JV9 和 JV11，以及四倍体品系 TB401）进行碱裂解法提取 DNA 的研究。利用 5 个甜菜杂交种进行三种提取方法的比对研究，这五个杂交种分别为 ZD204、ZD210、ZM202、新甜 17 号和内甜单 1，其中 ZD204、ZD210 和 ZM202 来自黑龙江大学农作物研究院，新甜 17 号来自新疆石河子农业科技开发研究中心甜菜研究所，内甜单 1 由内蒙古自治区农牧业科学院甜菜研究所提供，品种名称及对应的代号见表 2-1。所有试验均在黑龙江大学甜菜遗传改良重点实验室进行。

表 2-1　五个甜菜试验品种及其代号

品种名称	ZD204	ZD210	ZM202	新甜 17 号	内甜单 1
代号	1	2	3	4	5

2.1.1.2 试验试剂

CTAB 缓冲液：100mL 1mol/L Tris（pH 7.5），140mL 5 mol/L NaCl，20mL 0.5mol/L EDTA（pH 8.0），740mL MiliQ H_2O，20g CTAB。SDS 提取液：100mmol/L Tris-HCl（pH 8.0），20mmol/L EDTA（pH 8.0），500mmol/L NaCl，15g/L SDS。0.1mol/L NaOH；24：1氯仿/异戊醇；异丙醇；灭菌 MiliQ H_2O；琼脂糖；溴化乙啶（EB）。上样缓冲液（6×）：0.25% 溴酚蓝，40% 蔗糖水溶液。λDNA（10ng/μL）。TBE（10×）贮备液：108g Tris，55g 硼酸，先加蒸馏水溶解，再加 40mL 0.5mol/L EDTA（pH 8.0），加 ddH_2O 至 1 000mL。丙烯酰胺；甲叉双丙烯酰胺；NaOH；甲醛；$AgNO_3$；无水乙醇；冰醋酸。

2.1.1.3 试验仪器

伯乐电泳仪；伯乐凝胶成像仪；JY-SPAT 型水平电泳槽；DYCZ-30 型电泳槽；美国索福公司 Biofuge Statos 型离心机；PTC-100 型 PCR 仪。

2.1.1.4 试验方法

2.1.1.4.1 DNA 提取方法

（1）碱裂解法　DNA 提取采用张明永（2000）及郭景伦（1997；2005）等人的方法，略加改动。采用 4 种方法进行甜菜干种子 DNA 提取，每种方法均取每个样品的 1～3 粒干种子（单胚种子 3 粒，多胚 4 倍体种子 1 粒），大约 30mg，不同方法前处理不同。①利用 100μL 0.5mol/L 的 NaOH 溶液对胚进行研磨，研磨后倒入 1.5mL 的离心管中，10 000r/min 离心 5min，取出上清液，用 100μL 无水乙醇洗涤，倒掉上清液，待乙醇挥发后，加入 100μL TE 缓冲液，－20℃ 保存；②利用 100μL 0.5mol/L 的 NaOH 对种子直接进行研磨，其他与①相同；③先将干种子的胚取出，打碎后，放入 1.5mL 的离心管中，再加入 100μL 0.5mol/L 的 NaOH，上下颠倒使 NaOH 溶液充分浸入甜菜胚的粉末中，然后再沸水浴 5min，冷却至室温后，10 000r/min 离心 5min，取出上清液，用 100μl 无水乙醇洗涤，倒掉上清液，待乙醇挥发后，加入 100μL TE 缓冲液，4℃ 保存；④将种子直接研磨成粉末，放入 1.5mL 的离心管中，再加入 100μL 0.5mol/L 的 NaOH，其余步骤与③相同。

（2）CTAB 法 采用闫庆祥等人（2010）的方法，略有改动，每个样品取 30mg 甜菜干种子，去除表面污物后，将样品置于研钵中研磨成粉末；将粉末移入 2mL 离心管中，加入 600μL CTAB 提取液，65℃ 水浴 40min；放入 4℃ 冰箱片刻使其温度降至室温；加入 300μL 24：1 的氯仿/异戊醇，上下混匀，12 000r/min 离心 8min；将上清液吸出，加入预先加好 300μL 异丙醇的 1.5mL 离心管中，轻轻上下颠倒混匀；冰浴 5min；11 000r/min 离心 8min，弃掉上清液；放置在室温下至异丙醇挥发干净；加入 100μL 灭菌的 TE 溶解 DNA，之后室温放置 30min，自然降解 RNA；－20℃ 保存备用。

（3）SDS 法 提取 DNA 时采用旦巴的方法（2011），将 30mg 甜菜种子的干粉放入 2mL 的离心管中，然后加入 500μL SDS 提取液，65℃ 水浴 40min。每隔 10min 振荡一次，然后放入－20℃ 的冰箱 20min，之后加入 300μL 的氯仿：异戊醇（体积比 24：1）混合液，涡旋 10min，12 000r/min 离心 8min，取上清液，再加入 500μL 预冷的无水乙醇，轻轻摇匀；－20℃ 冰箱放置 30min，12 000r/min 离心 8min，弃去上清液，然后再用 70% 的乙醇洗涤两次，最后用电吹风吹干，最后用灭菌的双蒸水将 DNA 稀释到 100μL。

2.1.1.4.2 DNA 质量及浓度的检测

制作 100mL 含有 2μL EB 的 1% 琼脂糖，每份 1μL DNA 样品加入 1μL 上样缓冲液及 4μL 的 ddH$_2$O，同时利用 λDNA 对提取的 DNA 样品浓度进行检测。

2.1.1.4.3 SSR-PCR 扩增体系和条件

PCR 体系：总体积为 15μL，其中 dNTP（各 2.5mmol/L）为 0.5μL，Taq DNA 聚合酶 0.5U，10×PCR 缓冲液 1.5μL，正、反向引物（均为 10μmol/L）各 0.5μL，模板 DNA 为 20ng，用灭菌双蒸水补足 15μL。

PCR 扩增程序为：94℃预变性 4min；94℃变性 30s，退火 45s（不同引物退火温度不同），72℃延伸 45s，共 35 个循环；最后 72℃延伸 7min。

本实验中所用的 SSR 引物均来自文献（Cureton，2002；Laurent，2007；Richards，2004；Smulders，2010），引物由上海生工生物工程公司合成，经高效吸附（high affinity purification，HAP）法纯化。

2.1.1.4.4 SSR-PCR 产物的检测

利用 8% 的非变性聚丙烯酰胺凝胶电泳对产物进行分离，PCR 结束后，每个产物中均加入 3μL 上样缓冲液（6×），混匀后，在 8% 的非变性聚丙烯酰胺凝胶的每孔中加入预混样品 1.5μL，缓冲液为 0.5×TBE，恒压 180V，电泳 110min。

2.1.2 结果和分析

2.1.2.1 不同碱裂解法提取 DNA 浓度与纯度的检测

从干种子中提取的 DNA 利用 0.8% 的琼脂糖进行检测，同时利用 λDNA 进行定量分析，结果见图 2-1，可以看出，四种方法均从甜菜干种子提取出了 DNA，DNA 的完整性都很好，而且 RNA 含量较低；从提取的 DNA 含量来看，利用 NaOH 直接研磨胚及种子提取的 DNA 含量相差不大；对种子和胚研磨后加 NaOH 再水沸的结果见图 2-1 的后两组，可以看出，干种子直接研磨处理效果非常好，从与 λDNA 对比结果来看，每 30mg 干种子提取 DNA 超过 1 000ng；而胚研磨水沸的效果则比较差，是 4 种方法中提取 DNA 最少的一种，含量较低。

图 2-1　4 种方法提取 DNA 的琼脂糖检测结果

0 为 30ng λDNA，1、2、3、4 代表不同的甜菜品系，从左到右为四种不同的提取方法，

分别为：NaOH 研磨胚，不水沸；NaOH 研磨种子，不水沸；胚直接研磨后

加 NaOH 水沸；种子直接研磨后加 NaOH 水沸

2.1.2.2 SSR 结果分析

对前三个单胚样品提取 DNA 量最多的第四种方法获得的 DNA 进行 SSR-PCR 分析，并利用 8％的非变性聚丙烯酰胺凝胶进行检测，银染结果见图 2-2，可以看出，利用 NaOH 提取的甜菜干种子 DNA，虽然减少了很多常规提取 DNA 的环节，里面有些杂质也没有完全去除干净，但依然能够扩增出清晰的条带，完全能够满足 SSR 扩增的需要。

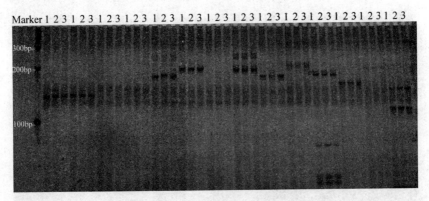

图 2-2　8％聚丙烯酰胺凝胶银染图

其中 1、2、3 为样品编号，从左到右引物分别为 SB09、BVCA5、BVCTT1、BVATT 4、
BVGTT6、SB10、BVST1、BVCTGT1、BVGTT4、BVGT17、SB11、BVGAA3、BVCT14、BVV01

2.1.2.3 不同方法提取甜菜干种子 DNA 浓度及纯度的检测

分别利用碱裂解法、SDS 法及 CTAB 法对甜菜干种子 DNA 进行提取。三种方法提取甜菜干种子基因组 DNA 的 1％琼脂糖凝胶电泳结果见图 2-3，可以看出，三种方法均能够从干种子中成功提取出 DNA，SDS 法及 CTAB 法提取的 DNA 含量都较高，提取的 DNA 含量差异不大，从与 λDNA 对比来看，30mg 甜菜干种子用 SDS 法和 CTAB 法可以提取甜菜基因组 DNA 约 2 000ng；而利用碱裂解法提取的 DNA 含量明显低于 SDS 法及 CTAB 法，含量仅相当于 SDS 或者 CTAB 法的一半。

图 2-3　1％琼脂糖检测不同方法提取 DNA 结果图

两边为 20ng 的 λDNA，1～5 为品种代号，从左至右依次为碱裂解法、SDS 法和 CTAB 法

2.1.2.4　不同方法提取 DNA 的 SSR-PCR 检测结果

利用两对不同的 SSR 引物分别对 3 种方法提取的 DNA 进行 SSR-PCR 扩增，采用 8% 的非变性聚丙烯酰胺凝胶电泳进行分离，电泳结束后，利用快速银染法进行染色（梁宏伟，2008），检测结果如图 2-4，从图中我们可以看出，三种方法提取的 DNA 均扩增出了清晰的 SSR 产物，并且扩增的条带完全一样，没有区别。

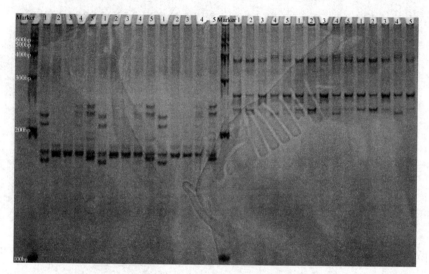

图 2-4　8% 的非变性聚丙烯酰胺凝胶电泳对 3 种方法
提取 DNA 的 SSR-PCR 检测结果

左侧为 DNA 长度标记物（Marker），从左到右依次为碱裂解法、
SDS 法和 CTAB 法，左侧引物为 BVGTT6，右侧引物为 BVV21

2.1.3　结论

实验结果表明，三种常见的 DNA 提取方法均能在甜菜干种子中提取到 DNA，相同取样量的情况下，利用 SDS 法和 CTAB 法提取的 DNA 含量较高，而碱裂解法提取的 DNA 含量较低，但从 SSR-PCR 结果来看，三种方法提取到的 DNA 均能扩增出完整的 SSR-PCR 产物，扩增产物无差异性，但我们在实验中也发现，如果提高模板的量达到 $15\mu L$ 体系 60ng 以上，碱裂解法就没有扩增产物；而 SDS 法和 CTAB 则能够扩增出产物，说明碱裂解法中某些杂质含量过高会影响 SSR-PCR 的扩增；从提取 DNA 的过程来看，SDS 法和 CTAB 法提取时间基本一致，提取一份 DNA 均需要 2h 或者

更长的时间，而且在实验的过程中还要使用多种有机溶剂，例如氯仿、异戊醇、CTAB、SDS 等，有的还存在毒性，而碱裂解法则仅使用 NaOH 一种溶液就可以从甜菜干种子中提取到可以直接应用于 SSR-PCR 反应的DNA，平均提取一次 DNA 的时间只需要 10min，大大地提高了效率，如果在实验中，利用小型的种子研磨机，加快研磨种子的速度，那么，一个成熟的实验室操作人员只需 30min 就可以提取上百份甜菜种子的 DNA，满足分子生物学实验需要。但是由于碱裂解法提取 DNA 的过程中缺少了去除一些杂质的过程，因此对于 DNA 质量要求不高的 PCR 反应，如 SSR、ISSR、RAPD 及 SRAP 等，推荐使用 NaOH 法提取 DNA，例如利用 SSR 快速鉴定品种的纯度或者指纹图谱的构建等，但是如果需要一次大量提取甜菜基因组 DNA，并且对 DNA 的质量要求较高，例如 AFLP，还是推荐使用CTAB 法及 SDS 法。

利用甜菜种子直接提取 DNA，不需要使用液氮研磨，也不需要利用真空冷冻干燥机将叶片变为干粉，因此提取 DNA 非常的方便，但是在利用种子提取甜菜基因组 DNA 的过程中，要注意以下几点：①选择没有霉变的甜菜种子，种子要磨成粉末；②选择饱满的单胚甜菜种子，一定要选择有胚的种子；③NaOH 法提取 DNA 时，溶液一定要现用现配；④由于 NaOH 法提取过程中有些杂质没有去除，因此在 PCR 过程中，DNA 的加样量不可过多。

如果在碱裂解法提取甜菜基因组 DNA 中使用 96 孔 PCR 板，那么一个实验员 30min 之内就可以直接从甜菜干种子中提取到上百份 DNA，从 DNA的提取、检测、PCR、电泳、一直到染色完成，完全可以在一个工作日完成，为快速检测甜菜品种的纯度以及真实性打下了坚实的基础。

2.2 利用 PCR 仪快速提取甜菜基因组 DNA

以甜菜干种子、幼苗、种仁以及甜菜叶片干粉为原料，利用 PCR 仪结合碱裂解法快速提取甜菜基因组 DNA，利用微量分光光度计检测取 DNA的浓度，并用甜菜 SSR 引物对提取的 DNA 进行扩增。结果表明，在四种材料中均检测到了 DNA，干种子、幼苗、种仁以及叶片干粉中提取的 DNA平均浓度分别为 $432ng/\mu L$、$197ng/\mu L$、$158ng/\mu L$ 和 $448ng/\mu L$，幼苗和干粉提取 DNA 的浓度高于干种子和种仁 2~3 倍，而种仁中提取到的 DNA 浓度又高于干种子大约 25％，无论是 DNA 原液还是稀释到 20ng/μL 的工作液，均能在 SSR-PCR 反应中扩增出清晰的条带。该方法提取甜菜基因组 DNA 简单、快速，仅需要 NaOH 和 HCl 两种药品，提取的 DNA 完全可以用于 SSR-PCR 反应，为快速鉴定甜菜品种纯度和真实性提供了技术支持。

分子标记技术已广泛应用在甜菜指纹图谱构建、品种一致性分析、遗传图谱的建立以及品种的稳定性评价等研究领域。植物基因组 DNA 提取的常用方法是利用 SDS（单志，2011）或者 CTAB（宋国立，1998）对细胞进行裂解释放 DNA，在提取过程中，无论是植物的叶片或者植株本身都需要利用液氮进行研磨或者利用真空冷冻干燥机将植株在冷冻的条件下抽真空，再研磨成干粉进行 DNA 的提取，无论前处理如何，整个 DNA 的提取过程都需要 2h 以上。如果提取的样品数较多，利用 CTAB 法或者 SDS 法提取基因组 DNA 就需要一个工作日。而在实际的工作中，如快速鉴定品种的纯度和真实性，就需要一次性提取几十份样品，工作量很大，因此非常需要一种快速大量提取甜菜基因组 DNA 的方法。谭军等（2009）利用 0.1mol/L 的 NaOH 研磨玉米种子的胚，离心后，用无水乙醇进行沉淀，达到快速提取 DNA 的目的；郭景伦等（2005）将剥离下来的单粒玉米种子的胚放入 96 孔 PCR 板中，然后加入 0.1mol/L 的 NaOH 溶液，沸水加热 5min，最后再加入 pH 2.0 的 TE 缓冲液；郭景伦等（2005）对玉米单株幼苗的提取同样采用了 0.1mol/L 的 NaOH，实现对幼芽 DNA 的快速提取。另外在甘薯（李强，2007）、甘蔗（黄东亮，2010）以及棉花（郎需勇，2014）等作物上也都尝试了利用 CTAB 或者 SDS 实现快速提取基因组 DNA。本研究拟在碱裂解法的基础上，利用 PCR 仪对不同形式的甜菜样品进行基因组 DNA 的提取，并利用微量分光光度计检测以及 SSR-PCR 进行扩增，探讨不同样品快速提取甜菜基因组 DNA 的可行性，为快速鉴定甜菜品种纯度和真实性提供技术支持。

2.2.1 实验材料和仪器

2.2.1.1 实验材料

实验中所用的甜菜品系为黑龙江大学农作物研究院甜菜高品质品种改良岗位提供的甜菜单胚保持系 JV89。

2.2.1.2 实验仪器

实验中所用的仪器包括 SORVALL Biofuge Stratos 高速冷冻离心机、

BIO-RAD POWER PAC 3000 型电泳仪、DYCZ-30C 型垂直板电泳槽、NanoVue plus 微量分光光度计以及 Eppendorf Vapo. protect 型梯度 PCR 仪。

2.2.2　实验方法

2.2.2.1　甜菜基因组 DNA 的提取

取实验种子 300 粒，在农业农村部甜菜品质检测中心光照培养箱中培养发芽，待长出 2～4 片真叶时，取 100 株，每 10 株幼苗一组利用真空冷冻干燥机处理 24h，然后将甜菜植株打成干粉备用，其余幼苗直接作为提取 DNA 的材料。

①每一品系取 2 株幼苗，用剪子剪成小段放入 96 孔 PCR 板中，共放入 12 孔，然后加入 0.1mol/L 的 NaOH 150μL。

②取 12 粒干种子，直接放入 96 孔 PCR 板中，每孔放入 1 粒，然后加入 0.1mol/L 的 NaOH 150μL。

③取 12 粒干种子，每一粒种子用刀剖开，露出种仁，直接放到 96 孔 PCR 板中，每孔放入 1 粒，然后加入 0.1mol/L 的 NaOH 150μL。

④取少量经真空冷冻干燥机处理后的干粉，只需覆盖 PCR 板底即可，共加入 12 孔，然后每孔加入 0.1mol/L 的 NaOH 150μL。

所有样品加完后，盖上硅胶盖，轻轻摇动 PCR 板，使 NaOH 充分浸没样品，利用 PCR 仪 100℃加热 5min，然后每孔再加入 150μL 的 0.1mol/L HCl。利用平板离心机 3 000r/min 离心 5min 后备用。

2.2.2.2　甜菜基因组 DNA 的检测

每个样品取 2μL 利用微量分光光度计检测 DNA 的浓度，然后再从每个样品中吸取 20μL，稀释成 20ng /μL 的工作液。

2.2.2.3　SSR 扩增与检测

为了验证提取的 DNA 能否适用于 SSR 引物的扩增，从前期筛选出的 24 对核心引物中选择了 3 对核心引物，分别为 BVV21、SSD13 和 SSD6，SSR-PCR 扩增体系和程序见文献（吴则东，2015）。PCR 扩增完成后，用 8%的非变性聚丙烯酰胺凝胶电泳进行分离，染色和显影采用王凤格等人（2004）的快速银染法。

2.2.3 结果与分析

2.2.3.1 从不同材料提取 DNA 的浓度

利用微量分光光度计对从不同材料提取的甜菜基因组 DNA 进行检测，检测结果见表 2-2。可以看出，利用甜菜幼苗和干粉提取的甜菜基因组 DNA 浓度较大。幼苗提取甜菜基因组 DNA 最大浓度为 606ng/μL，最小浓度为 352ng/μL，平均浓度为 448ng/μL；而利用干粉提取甜菜基因组 DNA 的最大浓度为 556ng/μL，最小为 300ng/μL，平均为 432ng/μL。利用干种子和种仁提取甜菜基因组 DNA 的浓度较小。利用干种子提取甜菜基因组 DNA 的最大浓度为 310ng/μL，最小浓度为 56ng/μL，平均浓度为 158ng/μL；利用种仁提取甜菜基因组的最大浓度为 332ng/μL，最小浓度为 95ng/μL，平均浓度为 197ng/μL。利用种仁提取甜菜基因组 DNA 要优于干种子直接提取，大约高 25％。而利用幼苗和干粉提取甜菜基因组 DNA 的浓度相差不大。

表 2-2 从不同材料提取的甜菜基因组 DNA 浓度

材料	DNA 的浓度（ng/μL）												平均 （ng/μL）
幼苗	406	363	479	456	352	390	472	526	498	387	440	606	448
干种子	160	180	138	237	90	78	56	138	310	192	131	186	158
种仁	157	210	223	239	178	189	176	332	228	95	107	224	197
干粉	531	438	335	394	300	390	413	408	333	560	556	531	432

2.2.3.2 SSR-PCR 扩增结果

利用四对甜菜 SSR 引物 SSD30、BVGTT1、S13 和 SSD1 分别对四种方法提取的甜菜基因组进行扩增，每种提取方法分别取三个孔，DNA 分别取原液和稀释后的工作液（20ng/μL），扩增结果用 8％的非变性聚丙烯酰胺凝胶电泳进行检测。结果表明，利用原液及稀释液均扩增出了清晰的条带，并且没有任何区别。图 2-5 是利用稀释液对四种方法提取的 DNA 扩增结果，每个引物从左到右的三个模板分别是幼苗、干种子、种仁和干粉，说明无论使用干种子、种仁、幼苗以及干粉，利用 PCR 仪结合碱裂解法快速提取的甜菜基因组 DNA，无论是原液还是稀释液，均可以用于 SSR-PCR 扩增。

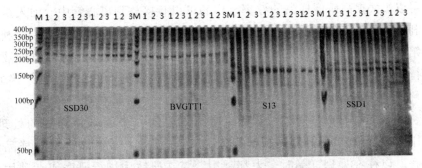

图 2-5　不同 SSR 引物甜菜基因组 DNA 扩增的银染图

M 为 DNA 长度标记物，1、2、3 代表品种的编号，

每个引物从左到右的三个模板分别是幼苗、干种子、种仁和干粉

2.2.4　讨论

利用碱裂解法结合 PCR 仪快速提取甜菜基因组 DNA，可以使 DNA 的提取在 20min 之内完成，而且提取的 DNA 无论是原液还是稀释液均可以用于甜菜 SSR-PCR 的扩增。实验中发现利用种仁提取 DNA 的浓度高于干种子，可能是由于种仁中含有更多的基因组 DNA，而且种仁直接和 NaOH 接触，更有利于 NaOH 溶液的渗入和 DNA 的渗出，虽然两者提取 DNA 的浓度相差 25%，但由于利用种仁提取 DNA 还需要将种子剖开，相对比较费时，而直接利用干种子提取 DNA 步骤简单，提取的 DNA 可以达到微克级，完全可以满足甜菜分子生物学的需要。利用幼苗和干粉提取基因组 DNA 的浓度高于干种子和种仁的 2～3 倍，原因和加入的样品量有关，无论干种子还是种胚都是加入 1 粒种子，而幼苗是 2 株，干粉则是覆盖 PCR 管底。如果对于 DNA 纯度要求不太高的 PCR，如 SSR-PCR，如果有裸种子，考虑使用干种子直接提取基因组 DNA，对于包衣或者丸粒化的种子，由于无法直接提取 DNA，考虑利用幼苗、叶片或者干粉进行 DNA 的提取。利用 PCR 仪快速提取甜菜基因组 DNA 的成功，为快速提取甜菜基因组 DNA 提供了保障，也为快速鉴定甜菜品种纯度和真实性提供了技术支持。

2.3　不同取样方法提取甜菜基因组 DNA 的比对研究

为了提高甜菜基因组 DNA 的提取效率以及避免提取过程中 DNA 的降解，利用研磨机和锡箔纸两种不同的方法处理样品。结果表明，利用研磨机可以极大提高研磨样品的效率，样品可以直接放到离心管中、加入缓冲液和钢珠后，直接利用研磨机进行打磨，一次可以处理 24 个样品；而利用锡箔纸进行研磨样品，既可以直接加液氮进行研磨也可以冷冻后再加液氮进行研磨，样品损失小，DNA 无降解。两种方法提取的 DNA 含量接近，并且提取的 DNA 均可用于 SSR 引物的扩增。

影响提取 DNA 的效率以及纯度很重要的一个因素是样品的处理，利用鲜样提取 DNA，要想保证提取 DNA 的纯度，就一定要避免样品的降解。以往在处理样品时，大都利用液氮在研钵中进行研磨或者利用研磨杆在离心管中将样品研磨成粉末，研钵研磨样品后在转移到离心管中时容易造成样品损失，而且一般都是鲜样直接处理，而研磨杆在研磨时由于操作的角度较小，容易造成部分样品无法研磨成粉末。本节将探讨如何通过处理样品较快速地提取甜菜基因组 DNA，并验证提取的 DNA 浓度及纯度。

2.3.1 实验材料和方法

2.3.1.1 实验材料

实验中用到的 12 个甜菜品系均来自黑龙江大学甜菜高品质品种改良课题组，样品编号分别为 1~12。

每份甜菜种子取 10 粒，用纱布包好后放到蒸馏水中浸泡 24h，将蛭石放到搪瓷盘里，用自来水浸泡后，将水控出，然后放到烘箱中进行烘干，180℃，大约 4h，待蛭石烘干后，取出，温度降到室温后，将蛭石装入营养钵中，留大约 3cm 的高度，营养钵中加蒸馏水至水从营养钵下面刚好流出，每个营养钵播种 10 粒浸泡好的种子，上面覆盖好消毒的蛭石。待两片子叶展平后，每份种子取 5 株用于提取基因组 DNA。

2.3.1.2 甜菜 DNA 提取方法

处理 1：取 1~6 号编号的样品，每个样品取 3 株，用锡箔纸包好，然后将包好样品的锡箔纸放入预先装好液氮的小罐中，等到液氮不再发出吱吱声时，用镊子夹出锡箔纸，然后用研磨棒快速研磨锡箔纸，将样品研磨成粉末，倒入 2mL 的离心管中，然后向离心管中加入 800μL 的 CTAB 缓冲液，65℃干浴 1h，其间上下摇动几次，使 CTAB 充分浸入样品中；将样品冷却至室温，加入 400μL 的 24∶1 的氯仿/异戊醇，上下混匀；12 000r/min 离心 10min，取上清液加入 2mL 的离心管中，然后加入等体积的异丙醇，上下摇动后放入冰箱冷冻层 10min，之后 12 000r/min 离心 10min，弃掉上清液；利用干浴锅将异丙醇挥发干净，加入 100μL 的 TE 溶解 DNA。

处理 2：取 7～12 号编号的样品，每个样品取 3 株放入预装有 800μL CTAB 缓冲液的 2mL 离心管中，每个离心管中放入 2 粒钢珠，直接利用研磨机进行打磨，反复振荡几次，待样品打碎后，将钢珠倒出，把离心管放入干浴锅中，之后步骤同处理 1。

2.3.1.3　甜菜基因组 DNA 的检测

分别利用微量分光光度计和琼脂糖凝胶电泳检测 DNA 的浓度和纯度。微量分光光度计检测时只需要滴入 2μL DNA 原液进行检测，琼脂糖检测时加入 5μL 的 DNA 原液和 1μL 的 6× 上样缓冲液，利用凝胶成像系统进行照相记录。

2.3.1.4　SSR 检测

将提取的 DNA 均稀释到 10ng/μL，利用 SSR 引物分别进行扩增，体系和程序见文献（吴则东，2008），PCR 产物的检测利用快速银染法（王凤格，2004）。

2.3.2　结果与分析

2.3.2.1　利用微量分光光度计检测

利用微量分光光度计对提取 DNA 的浓度和纯度进行检测，检测结果见表 2-3，从表 2-3 可以看出，两种处理方法提取的 DNA 浓度相差不大，说明两种处理样品的方法均能够提取出浓度较高的 DNA。

表 2-3　不同处理样品方法提取的 DNA 浓度

品种编号	1	2	3	4	5	6	7	8	9	10	11	12
DNA 浓度（ng/μL）	122.5	172.3	172	163.1	192	234.4	150.1	181.1	154.8	139.7	221.3	207.4

2.3.2.2　琼脂糖检测提取 DNA 的纯度

利用 1% 的琼脂糖凝胶对提取的 DNA 进行检测，检测结果见图 2-6，编号 1～6 对应处理 1，编号 7～12 对应处理 2，从图 2-6 中可以看出，处理 1 条带清晰完整，没有虚带，说明提取的 DNA 纯度非常好，而处理 2 均有部分虚带，可能是由于振荡过程中造成个别 DNA 条带断裂所致。

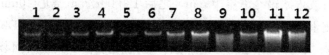

图 2-6 利用 1% 的琼脂糖凝胶对提取的 DNA 检测结果

1～12 对应品种的编号

2.3.2.3 利用 PCR 对提取的甜菜基因组 DNA 进行扩增

利用甜菜 SSR 引物 FDSB1023 对 12 个品系进行扩增，扩增后的产物利用 8% 的非变性聚丙烯酰胺凝胶电泳进行检测，扩增结果见图 2-7，从图 2-7 中可以看出，两种处理样品的方法均能对 SSR 引物进行扩增。说明两种提取方法均可用于甜菜 SSR 引物的扩增。

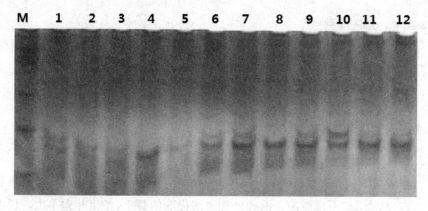

图 2-7 引物 FDSB1023 对 12 个品系的聚丙烯酰胺凝胶检测图

M 是 DNA 长度标记物，1～12 为品系编号

2.3.3 结论

影响甜菜基因组 DNA 提取效率和效果的一个主要因素就是对样品的处理，样品研磨得越精细，提取 DNA 的效果越好，同时对于冷冻的样品应避免反复冻融，否则 DNA 很容易降解。本节给出了一个比较好的解决方案，如果实验室有研磨机，就可以将要提取 DNA 的鲜样直接放到 2mL 的离心管中，同时在离心管中放入两颗钢珠或者锆珠，如果马上就提取 DNA，可以在离心管中直接加入 CTAB 缓冲液，之后利用研磨机直接将样品打碎，进行提取，如果需要以后再进行提取，就可以将加有钢珠和样品的离心管放到 −80℃ 的冰箱中进行保存，等到需要提取时再加入缓冲液进行打磨提

取，这种提取方法一次就可以处理 24 个品种，处理速度很快；对于没有研磨机的实验室，可以在取样的时候直接利用锡箔纸将植物鲜样包好，用记号笔记上编号，如果不是很快进行 DNA 提取，就把样品放到－80℃的冰箱中进行保存，在需要提取时，取出直接放到装有液氮的保温瓶中冷冻，之后利用研磨棒进行研磨，提取 DNA。

第三章 Gelred 核酸染料在不同凝胶检测系统中的应用研究

　　为了探讨核酸染料在聚丙烯酰胺凝胶电泳和琼脂糖凝胶电泳中的应用，减少核酸染料的使用，将 10 000× 的核酸染料 Gelred 稀释成 1×、10×、20×、30×、40× 和 50×，分别采用将稀释后的核酸染料直接加入 PCR 产物中，直接点样于聚丙烯酰胺凝胶和琼脂糖凝胶，电泳后直接利用凝胶成像系统进行检测以及利用 1× 的 Gelred 分别对聚丙烯酰胺凝胶和琼脂糖凝胶进行泡胶。结果表明，Gelred 30× 及以上的稀释浓度均适合于聚丙烯酰胺凝胶和琼脂糖凝胶，而 1× 的 Gelred 稀释液更适合于对聚丙烯酰胺凝胶进行泡胶。将稀释后的 Gelred 直接和 PCR 产物混合后进行点样，配合聚丙烯酰胺凝胶的使用，不仅减少了 Gelred 的使用量，而且减少了显影的时间。

　　PCR 扩增反应产物常常使用聚丙烯酰胺凝胶电泳（Weber，1969）和琼脂糖凝胶电泳（Meyers，1976）进行分离。其中在用琼脂糖凝胶电泳检测分离产物的时候，常用方法是将核酸染料加入琼脂糖凝胶内，使核酸染料与 PCR 反应产物结合并在凝胶成像系统中呈现荧光条带。常用的核酸染料为溴化乙啶（EB）（Lunn，1990），这是一种高度灵敏的荧光染色剂，常用于分子生物实验中观察凝胶中的 DNA。EB 可嵌入碱基分子中使其在复制过程中易发生配对错误，因此其通常被认为是高度诱变剂，具有致癌作用，对人体有毒害作用（Macgregor，1977；Ouchi，2007）。所以为保障实验人员的健康，目前已有许多 EB 代替品，包括 Gelred、Goldview、SYBR Green Ⅰ 等（Singer，1999；韩学军，2015）。Gelred 核酸染料其油性大分子特点使其不能穿透过细胞膜进入细胞内，并且稳定性高、耐光性强，因此逐渐被广泛使用（Huang，2010）。

　　对于 PCR 反应产物的检测方法大多使用聚丙烯酰胺凝胶电泳，如王庆彪等人（2014）在构建中国 50 个甘蓝代表品种 EST-SSR 指纹图谱的时候，使用的是 6％变性聚丙烯酰胺凝胶并采用快速银染法进行染色；卢玉飞等人（2012）对玉米 SSR 引物和甘蔗 EST-SSR 引物在莽属中的通用性进行研究时，采用 $AgNO_3$ 染色法对 12％非变性聚丙烯酰胺凝胶进行染色。除聚丙烯酰胺凝胶之外，还有使用琼脂糖凝胶的，如 MQ Wu 等人（2011）用简单重复序列（ISSR）标记对杜仲遗传多样性和遗传结构的分析，采用的是 2％琼脂糖凝胶。在常规的琼脂糖凝胶电泳中，需在琼脂糖凝胶中加入核酸染料，但在 MQ-Wu 的试验中并未表明加入核酸染料的量。而黄海燕等人在基于杜仲转录组序列的 SSR 分子标记的开发中，其试验中 PCR 产物检测方法是在 6％非变性聚丙烯酰胺凝胶电泳后用 Gelred 染色 30～60min（黄海燕，2013）。在黄海燕等人的试验中同样并未标明 Gelred 核酸染料的浓度和使用量。

　　由于 Gelred 核酸染料价格比较昂贵，因此为了检测适宜试验使用的 Gelred 核酸染料的稀释浓度，利用 4 对不同的 SSR 引物，对 8 个不同的甜菜品种进行扩增，将 PCR 扩增反应产物与 5 种浓度不同的 Gelred 核酸染料进行反应，并采用 8％的非变性聚丙烯酰胺凝胶电泳和 3％琼脂糖凝胶电泳检测。对比快速银染法的 8％聚丙烯酰胺凝胶电泳结果和加有 Gelred 的 8％聚丙烯酰胺凝胶电泳结果，对比常规荧光琼脂糖凝胶电泳结果和加有 Gelred 的 3％琼脂糖凝胶电泳结果，以及对正常 PCR 产物进行电泳，使用 1×Gelred 核酸染料溶液对 8％非变性聚丙烯酰胺凝胶和 3％琼脂糖凝胶进行浸泡，对比快速银染法（王凤格，2004）的 8％聚丙烯酰胺凝胶电泳结果和 1×Gelred 浸泡后的 8％聚丙烯酰胺凝胶结果，对比常规荧光琼脂糖凝胶电泳结果和 1×Gelred 浸泡后的 3％琼脂糖凝胶电泳结果。比较两两相互之间的条带符合度，来分析 Gelred 核酸染料稀释度是否适宜试验使用。

3.1　材料与方法

3.1.1　试验材料

　　试验中所用到 8 份甜菜品种，其品种名称、编号以及来源见表 3-1。该 8 份品种均种植在人工培养箱内，每份种子分别取 15 粒播种于发芽盒中，放入人工培养箱内进行培养，设置箱内温度 37℃。待幼苗长出 2 片真叶时，随机取 5 株混合，利用改良 CTAB 法（宋国立，1998）提取基因组 DNA，使用微量分光光度计测定所提取的 DNA 浓度，最后将提取的 DNA 稀释至

10ng/μL 的工作液备用。

表 3-1　供试的甜菜品种名称、编号及其来源

品种编号	品种名称	品种来源
1	KWS7156	德国 KWS 公司
2	SD12830	德国斯特儒博公司
3	HI1003	瑞士先正达公司
4	BETA356	美国 Betaseed 公司
5	KWS5145	德国 KWS 公司
6	SR-411	法国 SES Vanderhave 公司
7	甜单 305	中国农业科学院甜菜研究所
8	SD13812	德国斯特儒博公司

3.1.2　SSR 标记分析

试验中用到的 SSR 引物均由上海生工生物工程公司合成，纯化方式为 HAP，引物来自文献。

PCR 扩增体系为 10μL，包括 1μL 模板 DNA，5μL 2×Mix（该产品来自百泰克生物技术公司，其包含 DNA 聚合酶、PCR 缓冲液、dNTP），引物（10μmol/L）0.8μL，最后加灭菌的去离子水至总体积 10μL。PCR 反应结束后，每孔加入 2μL 上样缓冲液。

PCR 反应程序为：94℃预变性 4min；94℃变性 40s，退火（不同引物退火温度不同）40s，72℃延伸 40s，35 个循环；最后 72℃延伸 5min，4℃保存。扩增反应在艾本德公司生产的梯度 PCR 仪上进行。

3.1.3　Gelred 核酸染料的稀释

Gelred 核酸染料来自百泰克生物技术公司，其原浓度为 10 000×，因此需将 Gelred 核酸染料进行稀释，分别用无菌的去离子水稀释到 1×、10×、20×、30×、40×、50×。

3.1.4　Gelred 核酸染料稀释浓度实验

PCR 反应结束后，反应孔内每孔加入 2μL 上样缓冲液。同一个引物以

每8个模板为一个单位分别加入 $2\mu L$ 的 $10\times$、$20\times$、$30\times$、$40\times$、$50\times$ 的 Gelred 核酸染料，待 Gelred 核酸染料与 PCR 反应产物反应 3min 左右后点入 8% 聚丙烯酰胺凝胶以及 3% 琼脂糖凝胶中。DNA Marker（DM2000）与 PCR 反应产物相同，分别取 $10\mu L$ 后分别加入 $2\mu L$ 的 $10\times$、$20\times$、$30\times$、$40\times$、$50\times$ Gelred 核酸染料。在 8% 聚丙烯酰胺凝胶内，点入 $1\mu L$ Marker 混合物和 $2\mu L$ PCR 反应混合物，在 180V 电压下电泳 90min；在 3% 琼脂糖凝胶内，点入 $4\mu L$ Marker 混合物和 $6\mu L$ PCR 反应混合物，在 120V 电压下电泳 60min。电泳结束后，利用凝胶成像系统进行拍照。

3.1.5 Gelred 核酸染料稀释液实验

PCR 反应结束后，反应孔内每孔加入 $2\mu L$ 上样缓冲液，不加入稀释的 Gelred 核酸染料，直接点入 8% 聚丙烯酰胺凝胶以及 3% 琼脂糖凝胶。在 8% 聚丙烯酰胺凝胶内，点入 $1\mu L$ Marker 和 $2\mu L$ PCR 反应物，在 180V 电压下电泳 90min；在 3% 琼脂糖凝胶内，点入 $4\mu L$ 的 Marker 和 $6\mu L$ 的 PCR 反应物，在 120V 电压下电泳 60min。电泳结束后，将凝胶放入 $1\times$ Gelred 核酸染料稀释液内，染色 5~10min，利用凝胶成像系统进行拍照。

3.1.6 聚丙烯酰胺凝胶银染显影以及琼脂糖荧光显色

PCR 反应结束后，反应孔内每孔加入 $2\mu L$ 上样缓冲液，不加入稀释的 Gelred 核酸染料，直接点入 8% 聚丙烯酰胺凝胶以及 3% 琼脂糖内。在 8% 聚丙烯酰胺凝胶内，点入 $1\mu L$ 的 Marker 和 $2\mu L$ 的 PCR 反应物，在 180V 电压下电泳 90min。电泳结束后，采用快速银染法显色并照相记录；在制作 3% 琼脂糖凝胶时，加入 Gelred 核酸染料。待凝成凝胶后点入 $4\mu L$ Marker 和 $6\mu L$ PCR 反应物，在 120V 电压下电泳 60min。电泳结束后，利用凝胶成像系统进行拍照。

3.2 结果与分析

3.2.1 Gelred 核酸染料稀释浓度实验

图 3-1 至图 3-5 分别为引物 CAA1 在 8% 聚丙烯酰胺凝胶和 3% 琼脂糖凝胶上的显影结果，其中图 3-1 的 8% 聚丙烯酰胺凝胶是利用快速银染法显影的；图 3-2 的 8% 聚丙烯酰胺凝胶则是直接在凝胶成像系统直接进行拍照

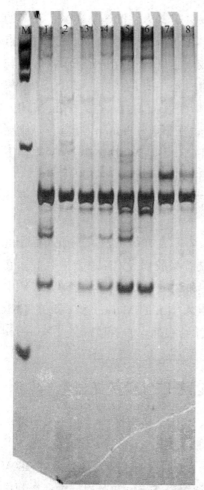

图 3-1　引物 CAA1 的 8％聚丙烯酰
胺凝胶快速银染显影图

（M 为 DNA 长度标记物，1～8 为品种编号，
与表 3-1 相同）

得出的结果。其点样样品为引物 CAA1
的 PCR 产物分别与 10×、20×、30×、
40×、50×Gelred 核酸染料的反应混合
物；图 3-3 和图 3-4 为 3％琼脂糖凝胶在
凝胶成像系统直接进行拍照得出的结果。
其点样样品也为引物 CAA1 的 PCR 产物
分别与 10×、20×、30×、40×、50×
的 Gelred 核酸染料的反应混合物；图 3-5
为 3％琼脂糖凝胶在凝胶成像系统直接进
行拍照得出的结果。其点样样品为引物
CAA1 PCR 产物，琼脂糖凝胶内加入
Gelred 核酸染料（10μL/100mL）。

由图 3-2 可看出，将 Gelred 核酸染
料直接置于 PCR 反应产物中，可使得在
8％聚丙烯凝胶中的产物在紫外灯光下
呈现荧光条带。将图 3-1 与图 3-2 进行
对比可发现，核酸染料在紫外灯下可将
条带显现得与银染显影后的条带一致，
可准确地分析出引物的多态性。而单独
从图 3-2 来分析，可发现不同浓度的
Gelred 核酸染料对反应结果不同。图 3-2
显示，可观察到当 Gelred 核酸染料的浓
度为 10×时，其荧光暗淡不清晰，无法
明确地观察到其条带；当 Gelred 核酸染
料的浓度为 20×时，虽相比与 10×而言
荧光较为明亮，但其亮度还无法较准确

地观察出其条带；当 Gelred 核酸染料的浓度为 30×时，其荧光亮度明显比
前两个浓度较强，也能较准确地观察出条带；同样地，当 Gelred 核酸染料
的浓度在 40×和 50×时可得出，荧光亮度随着染料的浓度增大而增强。本
着经济节约的原则，在不影响结果的条件下，30×Gelred 核酸染料较为
适宜。

从图 3-3、图 3-4 中可看出，将 Gelred 核酸染料直接置于 PCR 反应产物

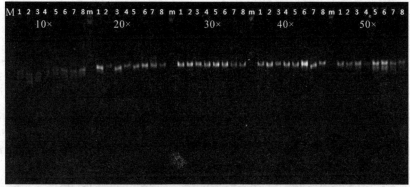

图 3-2 引物 CAA1 在 10×、20×、30×、40×、50×Gelred
核酸染料反应后在 8%聚丙烯酰胺凝胶的结果

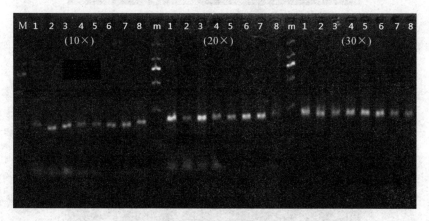

图 3-3 引物 CAA1 在 10×、20×、30×Gelred
核酸染料反应后在 3%琼脂糖的结果

中，可使得在 3%琼脂糖凝胶中的产物在紫外灯光下呈现荧光条带。Gelred
核酸染料的浓度越大，其显现的荧光条带越亮。图 3-5 为引物 CAA1 的
PCR 反应产物在带有 Gelred 核酸染料的 3%琼脂糖凝胶上的结果，将其与
图 3-3、图 3-4 相对比，可发现图 3-3 中当浓度为 10× Gelred 的时候，条带
亮度明显比图 3-5 的暗，条带不清晰分明；图 3-5 中的条带亮度接近于图 3-4
中浓度为 50×Gelred 显现的条带，条带相似度较高，但图 3-5 中的条带比50×
Gelred 显现的条带更清晰分明；对比图 3-3 和图 3-4，虽然 Gelred 核酸染料的
浓度越大条带亮度越强，但浓度 20×、30×、40×、50×Gelred 之间的条带
都较相似，本着经济节约的原则，可选用 20×或 30×Gelred。

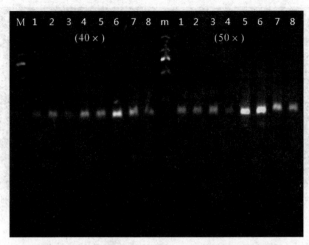

图 3-4　引物 CAA1 在 40×、50×Gelred 核酸染料
反应后在 3%琼脂糖的结果

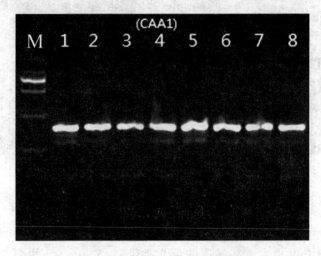

图 3-5　引物 CAA1 在 3%琼脂糖凝胶的结果

3.2.2　Gelred 核酸染料稀释液实验

图 3-6、图 3-7 分别为引物 Bmb4 在 1×Gelred 核酸染料液下浸泡和用 8%聚丙烯酰胺凝胶电泳后快速银染显影的结果。由图 3-6 可看出 8%聚丙烯酰胺凝胶在 1×Gelred 核酸染料液中浸泡后，也可显现出 PCR 产物应有的条带，并且条带显现分明清晰，与常规快速银染后的条带相似

没有多大差异。

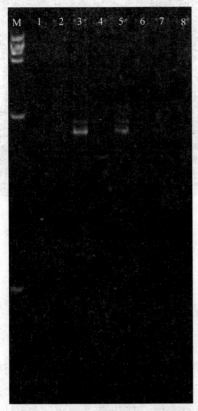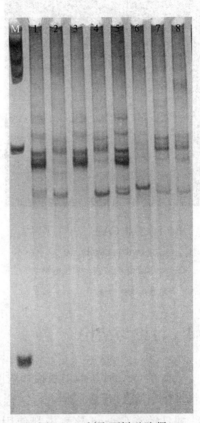

图 3-6　8％聚丙烯酰胺凝胶核酸染　　　　　图 3-7　8％聚丙烯酰胺凝
料液浸泡 5～10min　　　　　　　　　　　　　　胶快速银染显影

　　图 3-8、图 3-9 均为引物 CAA1、BVGTT4、Bmb4、Bmb6 在 3％琼脂糖凝胶电泳后，在凝胶成像系统下拍摄的结果。其中图 3-8 的琼脂糖凝胶中加入 Gelred 核酸染料；而图 3-9 中的琼脂糖凝胶内未加入，在电泳结束后用 1×Gelred 核酸染料浸泡。根据两个图片的对比，可明显地看出在加入了 Gelred 的琼脂糖凝胶中其显现的条带更分明清晰，可较准确地观察出条带的多态性；而用 1×Gelred 核酸染料浸泡的琼脂糖凝胶，则条带模糊不明亮。所以对于 3％琼脂糖凝胶而言，1×Gelred 核酸染料浸泡效果不如直接在琼脂糖中加入核酸染料。

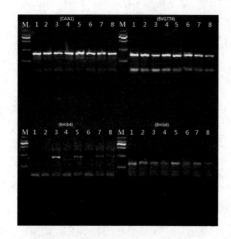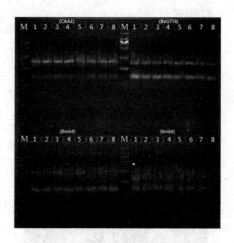

图 3-8 引物 CAA1、BVGTT4、

Bmb4、Bmb6

（在 3% 琼脂糖凝胶直接加核酸染料）

图 3-9 引物 CAA1、BVGTT4、

Bmb4、Bmb6

（在 3% 琼脂糖凝胶电泳后用

1×Gelred 浸泡后的结果）

3.3 讨论与结论

根据在 Gelred 核酸染料稀释浓度实验中的分析，我们发现 Gelred 核酸染料可以与 PCR 反应产物进行结合，在凝胶成像系统中直接显现出荧光条带，并且随着 Gelred 核酸染料使用浓度的增加，其荧光强度也逐渐增加。通过对比在电泳前分别加入 10×、20×、30×、40×、50×Gelred 核酸染料于 PCR 反应产物中，以及利用快速银染法显影的 8% 聚丙烯凝胶的结果，可得出在浓度为 30×Gelred 的核酸染料更适于在 8% 聚丙烯凝胶中显现 PCR 反应产物的条带。通过对比在 3% 琼脂糖凝胶中分别将 10×、20×、30×、40×、50×Gelred 核酸染料加入 PCR 反应产物，以及使用加入了 Gelred 的 3% 琼脂糖凝胶的结果，可得出在浓度为 20× 或 30×Gelred 的核酸染料更适于在 3% 琼脂糖凝胶中显现 PCR 反应产物的条带。综上所述，可采用 30×Gelred 核酸染料与 PCR 反应产物反应，而后电泳。

根据在 1×Gelred 核酸染料稀释液实验中的分析，通过对比利用快速银染法的 8% 聚丙烯酰胺凝胶和用 1×Gelred 核酸染料浸泡的 8% 聚丙烯酰胺凝胶，可发现浸泡后 8% 聚丙烯酰胺凝胶的条带清晰分明，与银染法的 8% 聚丙烯酰胺凝胶两者条带相似度高。而通过对比加入 Gelred 的 3% 琼脂糖凝

胶和用 $1 \times$ Gelred 核酸染料浸泡的 3‰ 琼脂糖凝胶,发现浸泡后 3‰ 琼脂糖凝胶的条带不如在琼脂糖中直接加入核酸染料的效果清晰,这可能是由 3‰ 的琼脂糖凝胶较厚造成的,需要延长浸泡时间或者减少胶的厚度。

与常规的电泳实验显影方式相比,如聚丙烯凝胶的快速银染和在琼脂糖凝胶中加入核酸染色剂,将稀释后的核酸染色剂直接与 PCR 产物反应并电泳,其在经济和便捷方面是有较大优势的。如在常规的琼脂糖凝胶电泳实验中,用于结合 PCR 反应产物,使其在凝胶成像系统中呈现荧光条带的物质大都为溴化乙啶(EB),该物质毒性极大,易对人体造成伤害。而 Gelred 核酸染料对人体无毒,使用方便,但不足的是其价格昂贵,一般 $500\mu L$ 就需要 500 元左右。因此在不影响实验结果的条件下通过稀释其浓度,可以极大节约开支。又如在常规的聚丙烯凝胶电泳实验中,需通过快速银染法来显影 PCR 反应产物的条带。快速银染法所需的药品包括无水乙醇、氢氧化钠、硝酸银、甲醛和冰醋酸,药品繁多、步骤烦琐复杂且具有不可逆性。通过稀释核酸染料,可大大缩减了实验时长、简单了实验步骤,并且降低了实验成本。

随着科学发展的进步,PCR 反应产物检测方法的增多,在不影响实验结果的条件下,选择适宜准确、经济便捷的检测方法可使试验事半功倍。

第四章 甜菜不同分子标记核心引物的筛选

4.1 甜菜 SSR 核心引物的筛选以及多重 PCR 体系的建立

利用 SSR 分子标记构建现有甜菜品种的指纹图谱，能否成功的一个重要因素就是 SSR 核心引物的数量，因此我们选择进口的 10 个国外甜菜品种 H7IM15、IM802、H5304、HI0479、ST14991、KUHN8060、AMOS、SR-496、SR-411 和 SD12830，用目前文献报道的 101 对甜菜 SSR 引物进行扩增，寻找多态性好、易于识别、可重复的 SSR 引物作为甜菜品种纯度和真实性鉴定的核心引物；同时根据筛选出的 SSR 核心引物产生片段的大小，建立相应甜菜 SSR 的多重 PCR 反应，由于多重 SSR-PCR 反应具有节约、高效并能够保持单一 SSR 引物扩增的优点而得到了广泛应用，我们利用选择的甜菜 SSR 核心引物，只要不同的引物没有交叉的带型，分别配成两重至五重 SSR-PCR 反应。结果从 101 对甜菜 SSR 引物中筛选出适合甜菜品种纯度和真实性鉴定的引物 31 对，在 31 对引物中，有 21 对引物的多态性为 100%，31 对引物总共扩增条带数是 163 条，总的多态性条带数是 150 条，平均多态性比率是 92.02%，甜菜 SSR 核心引物的确立将加速甜菜指纹图谱的构建，有利于品种的快速鉴定。在这 31 对引物中，筛选出了适宜于甜菜多重 PCR 反应的引物 18 对，这 18 对引物的特点是带型相对比较集中，并成功的构建了甜菜二重和三重 PCR 反应，二重和三重 PCR 反应的体系为：在单一 SSR-PCR 的基础上，每增加一重 PCR 反应，则增加相应的引物量，减少去离子水的量，使总反应体积保持不变；四至五重 PCR 体系相对较复杂，因为个别的引物扩增效率明显高于其他引物，就要在体系中减少相应引物的量，同时增加 0.5 倍的 dNTP 的量，同时还要考虑引物之间能否形成引物二聚体，在此基础上成功的构建了两个四重 PCR（BVGTT1，GAA1，GCC1，GTT1；BVV22，GAA1，GCC1，GTT1）和两个五重 PCR（S3，BVGTGTT1，GAA1，GCC1，GTT1；S3，BVGTGTT1，

GAA1，GCC1，S2）。甜菜多重 SSR-PCR 产生与单一 PCR 相同的多态性，是单一 PCR 产物的简单叠加，但是却比单一 PCR 提高了 2～5 倍的效率，甜菜多重 PCR 体系的建立将大大加速甜菜品种纯度和真实性鉴定的速度，也将更快地促进甜菜分子生物学其他领域的发展。

甜菜是我国重要的糖料作物，近年来，每年种植面积大约在 22 万 hm^2。目前在我国使用的甜菜种子大部分都是从国外进口的品种，国产品种不足 5%（王维成，2010）。而种子的纯度和真实性直接影响到甜菜的产量以及含糖率，也就相应影响到农民和糖厂的收入。近年来，甜菜假冒伪劣品种时有出现，而目前鉴别甜菜品种真实性的方法只能根据品种的形态学特征（吴则东，2010），这种检测方法耗时长，一般需要整个生育期。因此寻找一种快速鉴别甜菜品种纯度及真实性的方法尤为重要。SSR 分子标记技术具有简单、重复性好、共显性、操作简单等特点，已经广泛应用于作物品种纯度和真实性的鉴定，由于甜菜品种的遗传基础狭窄，要想鉴定一个甜菜品种，就需要构建目前所有栽培甜菜品种的指纹图谱，并且应该随着甜菜品种的增多，不断对新产生的甜菜品种进行指纹加密，这就需要大量的 SSR 引物，目前文献上报道的甜菜 SSR 引物有 100 多对，分别位于不同的染色体上，由于不同引物扩增的能力各不相同，有的引物没有多态性，而有的引物带型杂乱，无法进行统计，因此有必要对现有的甜菜 SSR 引物进行筛选，选择适合甜菜品种纯度和真实性鉴定的核心引物，以利于不同的实验室进行交流。

目前在生产上使用的甜菜品种有几十个，因此要准确地鉴定一个甜菜品种的纯度或者真实性就要用到几对 SSR 引物才能够完成，这就大大地增大了工作量和鉴定所需的时间。而多重 PCR 技术的应用则大大地加速了鉴定品种纯度的速度，也节省了药品。多重 PCR（multiplex PCR）技术是由 Chambercian 等于 1998 年提出，它是在普通 PCR 技术的基础上进行了改进，在一个 PCR 反应体系中加入多对特异性引物，针对多个 DNA 模板或同一个模板的不同区域扩增多个目的片段的 PCR 技术。这一技术由于具有降低成本、节省时间、大大提高工作效率的优点，目前已经广泛应用于科学研究的各个领域，如病毒检测（张万菊，2011）、细菌检测（许一平，2006）、禽流感检测（秦智锋，2006）以及品质性状分子标记（张晓科，2007）等多个方面。多重 PCR 技术在动物的研究上很多，但在植物的研究上还较少，仅见于少数几个作物，例如常宏等（2010）通过对玉米 72 对指纹鉴定的 SSR 核心引物进行重新分析与设计，建立了 21 对 SSR 通用引物构成的 8 组多重 PCR 复合扩增体系；马雪霞等（2007）通过对棉花 SSR 核心引物的多重 PCR 反应进行验证，结果表明，即使采用与单一引物 PCR 相同的反应体系，两重 PCR 扩增也可获得与之相同的多态性产物，而两重检测法的结果亦显示出与相应的单引物检测到的相应的多态性位点，能准确反映单引物所能达到的检测效果，因而为 SSR 的多重 PCR 和扩增后多重检测的技术在高效的遗传图谱构建工作中进一步应用提供实验依据；张晓科等人（2007）构建了 3 个多重 PCR 体系用于小麦品质育种的亲本评价和杂交后代优质基因的聚合。而多重 PCR 体系在甜菜上的研究还属空白，我们利用与单重 PCR 相同的反应条件，探讨甜菜多重 SSR-PCR 的可能性，并建立适合于甜菜多重 PCR 的引物对，为在鉴定甜菜品种纯度及遗传图谱的构建中达到节约、快速、省时的目的提供科学的实验依据。

4.1.1　材料和方法

4.1.1.1　材料

我们选择 10 个甜菜品种进行所有 SSR 引物的筛选，这 10 个品种分别来自荷兰的安地公司、德国的斯特儒博公司以及瑞士的先正达公司，其中编号 1、2、3、6、7、8、9 是荷兰安地公司的品种，4 号为瑞士先正达公司的品种，5 号和 10 号品种为德国斯特儒博公司的品种，品种名称及编号见表 4-1。其中多重 PCR 反应体系的建立是利用中国农业科学院甜菜研究所多倍体课题组提供的 4 个杂交组合，代号分别为 TZ1、TZ2、TZ3 和 TZ4。

表 4-1　品种名称及其编号

编号	1	2	3	4	5	6	7	8	9	10
品种名称	H7IM15	IM802	H5304	HI0479	ST14991	KUHN8060	AMOS	SR-496	SR-411	SD12830

4.1.1.2　DNA 的提取

由于从国外进口的甜菜品种全部是经过了丸粒化处理，无法直接对种子进行 DNA 的提取，因此我们采用种子发芽处理，待种子长到 4 片真叶后，将叶片用真空冷冻干燥机处理 24h，然后把叶片放到 10mL 的离心管中，在离心管中放入两粒钢珠，将叶片打成粉末，然后利用 CTAB 法（张慧，2010）对干粉进行 DNA 的提取：①称取 1/2 管底干样粉末（2mL 离心管，约 20mg），倒入 2mL 离心管中。②加入 1mL 在 65℃预热的 CTAB。

③在 65℃ 水浴 90min。④取出离心管后，在室温下放置 10min，再加入 0.5mL 氯仿（氯仿：异戊醇＝24：1）。振荡 5min。13 000r/min 离心 10min。⑤吸出 0.8mL 上清液，加入新的 2mL 离心管中。重复步骤④。⑥吸出 0.6mL 上清液到新的 1.5mL 离心管，加入 0.6mL 异丙醇。轻轻地上下颠倒混匀。−20℃ 放置 30min。⑦7 000r/min 离心 10min，倒掉上清，空干。⑧加入 0.5mL 70％乙醇，漂洗。7 000r/min 离心 10min，倒掉上清。⑨用电吹风吹至无酒精味。⑩每管中加入 0.1mL 灭菌的去离子水。最后用 0.8％的琼脂糖电泳进行检测浓度和纯度，经不同浓度的 λDNA 进行比对后，稀释成 10ng/μL 的工作液，放于冰箱 1℃ 的保鲜层备用。

4.1.1.3 SSR 引物

我们选择的甜菜 SSR 引物均来自文献（Cureton，2002；Gidner，2005；Jones，1997；Laurent，2007；Li，2010，Rae，2000），所有的引物都是由上海生工合成，HAP 纯化。引物名称及序列见表 4-2。

表 4-2 实验用到的 101 对 SSR 引物

引物名称	正向序列（5′→3′）	反向序列（5′→3′）
BvAT1	TTAGCAACAATTGGAGGGTT	TCTCCTCAAAATTCCATCCA
BvAT2	CTCATATCGATTCGGTTCAGA	TTATGAACACACCCACAGCAA
BvATCT1	TCAATGAATTCAGCTTCTGAGC	AGAGGAAGAGGAGTTTGTGTGG
BvATT1	GTGCACCATTGTTCTCCTT	CTCAAATTTATCAGTAGTATC
BvATT2	CGGCAACCAATCAATCTAGG	AGGGTTTCGGGTCATGCTAT
BvATT3	TTTCTTCCTCCAATTTCTGACTG	TCTTGGATTATTTGACGGAAA
BvATT4	GCCCTGTTTTTAAGAGCCTTT	ACGGGTTGGGGTTTTATTTC
BvATT5	TCAGTTCAGTTCAGCTCCATTC	TGAATTCGATTTTCTAAAGGGGTA
BvATT6	CCGAAATTAACACAACCGACT	GGCACGTTATCAGGAGATGG
BvATT7	GTGTCAAGATTCTGAGAACG	TTGGAGAATATCGGCCAAAG
BvCA2	CCTTGCTAGTTGCTGCTGTG	GCATATGTACAAGAGAGCCGTTT
BvCA4	AAACCATCCCATGTTTGGAG	GGATACCAAATACAAAGTACCTGC
BvCA5	GAGTCTCGAGCATTCTGGATAAA	GATGAATACAGGCCCCAGAA
BvCT1	CGTACGAGCTCGAATTTTAT	TGAACACAATGTACCTGATGA
BvCT10	TCCCCACTTTGAATGATTGAG	CCCAACTGGCAACTGAAATC
BvCT11	GACATCGCCTTGACTTCCTT	TCGTTGCTGAGCCTGATTTTA
BvCT12	TACCGCATTTGTGGCAAGTA	GGTACTGGAACCTGGGAAT

（续）

引物名称	正向序列（5′→3′）	反向序列（5′→3′）
BvCT13	CCGTTTTCAAAGGGTTTTTG	GGGAAGAGAAGAGAGAGATTAGGG
BvCT14	TAAATGTCGAACGCTGACCA	TCCTGAAGCAGGCATATTGA
BvCT2	CTACTGCATTCAGCTCCTCC	CCAGTTCTGAGGAGAATCCA
BvCT3	CCTTTCAAATATAATGCACTGAA	GAAACCAGAGAGACGCGA
BvCT5	GATCATCAAGAGAATTAAATATAT	GACCTTGATGCAGGAGCTT
BvCT6	TGAAACGTGAATGGTGAGGA	CTCCCCCAATCTCGGAAC
BvCT7	CCACGGAACTTACCCGTTTT	TAGACGGGAGAATGCGATGT
BvCT8	GCTGTTTCCTGTGTGTAATATTGTT	CTGCAGAGATATTCAGCTCCA
BvCT9	TCACATGGGTCCCAATTTTT	GCCTTTGCTATTTCCCATGC
BvCTGT1	CGTGGCTTGACTGAAAGTCTC	GGGCAAAACAGTCCTCAAAA
BvCTT1	AGATCTGGATCTGCCCCTTT	AAGCAGAAAAGATGTGACAAAAGA
BvGAA2	TGGCAGGGTCACTTATGACT	GGTTGCTCAACCCATACATC
BvGAA3	TTCCCTCTTCCAAAGAAAGGT	TCAAGGACATGTTCAAGGTGTT
BvGGC2	GGTGCTCATCCAGCCTAATC	GGGCAACCGACCATATTCTA
BvGTGTT1	GGTTGGTGCACGAAGTGAC	GCCTAGAAGGTGGGAACTCA
BvGTT2	AAAAACCCACCCTCGTTCTT	TCTGCACTGAAATCGCTGTT
BvGTT3	ACTTGCCATTCCACTCCACT	GGTGTCTCCAATTGTTTGCTT
BvGTT4	TGGGGTAAAACTTCCCACAA	ACCTGGAAATTTGAGCCACA
BvGTT5	GCCAACAGGAGAACACATCA	TTTCCATACGCTTTGCCATC
BvGTT6	GAAATTAGGCGACTACTTGCAG	GGGCACAAAAACACACCTCT
BvGTT7	TTAAGACCCAACTTTCGTTGA	TGTAAATTCTTCTCTAATTCCCAT
BvGTT8	TTTTCTGCCCTTGTTTGACA	TCTTCCCCTAACAATCCAAATG
BvGTT9	GCCAATCGGCATAATAGGAG	GATCACTCTCAACCGCC
BvTAC1	GGGAGCTCTCTGCCTTTTG	CATGACCATTACCATTACTCTCCA
Bvv01	CCATATGGAGGGGTAGAGCA	GTTTGCACCATAGGCACCACCACTTG
Bvv10	CTTTGAGAATTGAGATACTATG	GTTTGTCTGGACGCAAGCACAC
Bvv15	TGCTGACCTTGCAGTTAATAAGTT	GTTTCATGTGATGGCTTGCTTTCTAA
Bvv17	CGACGCCTTTTTGAAGGAATAGGAT	GTTTCACCCCTGGGTCCTGATCTACAAC
Bvv186	CACCATAACCGCCCCCACCATAAT	GTTTCTTGGCCGTAGGGTAAGGGTCAACTA
Bvv21	TTGGAGTCGAAGTAGTAGTGTTAT	GTTTATTCAGGGGTGGTGTTTG
Bvv22	CTATGCATCGCCCAATAATTACTTAA	GTTTATATAACACTGCTTATTTAATGTCC

（续）

引物名称	正向序列（5′→3′）	反向序列（5′→3′）
Bvv23	TCAACCCAGGACTATCACG	GTTTACTGACAAAGCAAATGACCTACTA
Bvv257	GAAACCACATAAAAACCCCTCTTA	GTTTCAAGTAGTCCCGTTAACATCTGA
Bvv27	GGGTTCATCATCATCCTTATCATT	GTTTACGCTCCTCCATCATCAGACCA
Bvv30	TGTGCCCAAAATCCTGAA	GTTTAATTGGCTGGGTAAAAGAGA
Bvv31	AGAAGCCTTTAAAATCCAACT	GTTTACAGCGTCTCACCATAAGT
Bvv32	AGAAGCCTTTAAAATCCAACT	GTTTACATATGGAACTTAATGAACAAGTGATAT
Bvv37	TGGACGCCATATTAGAAGAT	GTTTATACAAATGAATATGAGAATACTG
Bvv43	TGACACTCTTCTTTGCAACACATAA	GTTTGTAAATGTTGCAAAATATTGGTAT
Bvv45	GTATAGCAAAAGTCATTTTGTTTGTGT	GTTTCTCGGCCTTCCCTTTCTAATGTCTAG
Bvv48	GGCTTCCCTAGACAACC	GTTTATAGGCAAATGAATGAGG
Bvv51	AGCAAAACTTATCTCAAATCTGG	GTTTGTCTACCGTGGCTGTGC
Bvv53	CATGTCGAGGAGTGAGTTCAGGAA	GTTTCAACTATAGGTGCATCTTTTAC
Bvv54	ATCTGCATGCCGTCACTC	GTTTCACTGTACCTTCGAATGTTAG
Bvv57	CATTACCATGGGAACGAA	GTTTAAGGGATACAATGTTAGTTATGAA
Bvv60	AAGAATGCTTCAACTTTTTCATGG	GTTTAGGGTCGGATATAAGAGGGAGTGG
Bvv61	ATGGGAGAATATTGGTGACA	GTTTGCCACAAATCATCTCTACTAA
Bvv62	ATGGCAATGCGCAGAATAACC	GTTTGCTGAGGAGGCTGCATTTGTT
Bvv64	TTTTTGGGAGTTTCATCACTACTTT	GTTTCATATAAGGGGAGTCTTCTCACAA
S1	ACATACGTGAACACAGGGC	GGCAAATCGCAAACTGCTACA
S10	CGAGGGGTAAAACCAGACAA	GGTTCTGAAATTTGGGGGTT
S11	GGAGCAGCCTCATCTTTGGCCC	GCAGCAGCAGAAGGGACCA
S12	TGTGGATGCGCTTTCTTTTC	ACTCCACCCATCCACATCAT
S13	GCACTGCGTGTGCTGTGGTG	TGGTTGAAGACCCAAAACTA
S14	GTCACCACGACTTTCTTT	GTGTTCGGATGCTTCTAT
S15	TCACCAGTCACCAACTCACC	TGGACAACAACAGCCCTCCCA
S16	CTCTGACGGTTTTTGGAGA	TGCCTGCTCCTCCTCCGCAT
S2	ACAGCAAGATCAGAGCCGTT	TGGACCCACCATTTACATCA
S3	CATCATCATCATCATCATCATTC	GCGACAGCAAAGTTCACA
S4	TCCTTCCACTTTTACCCCTG	AGGCGCCACATCCCTTGAGC
S5	CCTTAGTTCCGAGTCCAA	CCTCTGTTTCGGGTTTCA
S6	AAATTTTCGCCACCACTGTC	ACCAAAGATCGAGCGAAGAA

（续）

引物名称	正向序列（5′→3′）	反向序列（5′→3′）
S7	CACCCAGCCTATCTC CGAC	GTGGTGGGCAGTTTTAGGAA
S8	GCACGCCTCCCTTTGTCGCT	TGCAAGGGTACGGTTGCGGC
S9	CGTGGCCGCAACCGTTCAAG	TGCATCAACACCCTGCTCCCG
SB04	ACCGATCACCAATTCACCAT	GTTTTGTTTTGGGCGAAATG
SB06	AAATTTTCGCCACCACTGTC	ACCAAAGATCGAGCGAAGAA
SB07	TGTGGATGCGCTTTCTTTTC	ACTCCACCCATCCACATCAT
SB09	TGCATAAAACCCCCAACAAT	AGGGCAACTTTGTTTTGTGG
SB10	TTCGTCCCTTGATTGTGTCA	GAGATTGGGGATCACTCTGC
SB11	CGAGGGGTAAAACCAGACAA	GGTTCTGAAATTTGGGGGTT
SB13	ACAGCAAGATCAGAGCCGTT	TGGACCCACCATTTACATCA
SB15	CACCCAGCCTATCTCTCGAC	GTGGTGGGCAGTTTTAGGAA
Bmb2	GTCAACTATTTTGCTTCATCAC	TTCGATTCTTTGCATCGCTA
Bmb5	CCTGTTGTCTAAAACCTCAA	ACAGTGAAAAGCCGCAAAAC
Bmb3	CGGTTGCAAGTCGATAAGGT	CCGGTTGAACAGCAGAACAGG
Bmb4	CCTCTTTATTTCACGAGGTCCC	CCCAGATTGAAATCAGGATCG
Bmb6	CTCTGCCTGAATTACTAATCC	CAACTTCAATCAGGCAGTGC
CAA1	TCCTATCTCCTCACCACAAC	TCAAATGTAAGAAACCTTGTT
CT4	TACCCCTTCAGCATCATCC	CTGCGCGAATTTTGTCTAGT
GCC1	TAGACCAAAACCAGAGCAGC	TGCTCTCATTTCGTATGCAC
GAA1	TGGATGTTGTACTAAAGCCTCA	TCCTACCAAAATGCTGCTTC
GTT1	CAAAAGCTCCCTAGGCTT	ACTAGCTCGCAGAGTAATCG
Bvm3	ACCAAATGACTTCCCTCTTCTT	ATGGTGGTCAACAATGGGAT

4.1.1.4 PCR 反应体系

单重 PCR 反应体系为，在 $10\mu L$ 反应体系中，加入 $1\mu L$ $10\times$PCR 缓冲液，$0.5\mu L$ dNTP（各 $2.5m\ mol/L$），正、反向引物（各 $10\mu mol/L$）各 $0.4\mu L$，$0.5U$ Taq 酶，$1\mu L$ 模板 DNA；多重 PCR 的反应体系和单重 PCR 反应体系相同，只是增加与单重 PCR 相同物质的量的引物，减少去离子水，使最终的体积为 $10\mu L$。

4.1.1:5 PCR 扩增产物的电泳及检测

我们使用 8% 的非变性聚丙烯酰胺凝胶进行检测，电泳槽是北京六一仪器厂生产的 DYCZ-30 型。配制 8% 非变性聚丙烯酰胺凝胶 80mL，其中包括 40% 的丙烯酰胺母液（丙烯酰胺：甲叉双丙烯酰胺＝19：1）16mL，去离子水

56mL，0.5×TBE 缓冲液（0.54％的 Tris，0.275％的硼酸，0.025mmol/L EDTA）8mL，TEMED 80μL，2.5％的过硫酸铵（AP）800μL。加入 AP 后，轻轻地摇匀，然后使用 5mL 的枪迅速灌胶，待胶凝固后，加入 0.5×TBE 作为缓冲液，缓冲液要高过矮板；电泳仪为伯乐公司 Bio-Rad，根据不同引物的扩增量，点样量为 1～1.5μL，恒定电压 180V，120min。电泳结束后，利用快速银染法（王凤格，2004）进行染色，首先将胶轻轻取下，放入染色液（180mL 蒸馏水，20mL 无水乙醇，1mL 冰醋酸，0.4g 硝酸银）中，染色 5min，然后取出，在含有 200mL 蒸馏水的容器中漂洗 10s，最后放入显影液（200mL 蒸馏水，6g 氢氧化钠，1mL 甲醛）中，直至显示出清晰的条带，然后进行拍照并记录。

4.1.2　结果分析

4.1.2.1　甜菜 SSR 核心引物的筛选

我们利用 10 个国外甜菜品种对全部 101 对甜菜 SSR 引物进行了筛选，每对引物均至少扩增 2 次，并对不同的引物进行退火温度的确定，最终选择了 29 对多态性好、带型清晰、易于分辨的 SSR 引物。这些 SSR 引物最少的产生 2 条带，最多的是 11 条，平均产生 5.62 条带；不同引物扩增的多态性比率不同，最小 33.3％，最多为 100％，在 31 对引物中，有 9 对引物的多态性为 100％；29 对引物总共扩增条带数是 159 条，总的多态性条带数是 116 条，平均多态性比率是 92.02％，图 4-1 是引物 GCC1 和 GTT1 的扩增图，图 4-2 是引物 Bvv21 的扩增图，左侧均为 Marker I，右侧为 10 个品种的扩增图。表 4-3 是各引物最佳退火温度、扩增带数及多态性。

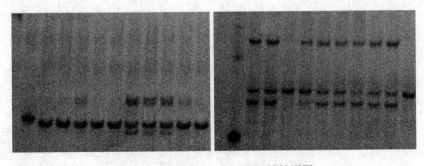

图 4-1　引物 GCC1 和 GTT1 的扩增图

Marker 为 100bp，左侧为 GCC1，右侧为 GTT1

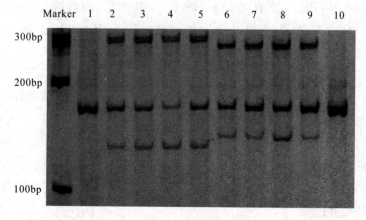

图 4-2　引物 BVV21 的扩增图

表 4-3　各引物的最佳退火温度、扩增带数、多态性

引物名称	最佳退火温度（℃）	扩增条带数	多态性条带数	多态性百分比（%）
bmb6	61	6	4	100
BvATT2	50	3	1	66.7
BvCA2	55	4	3	75
BvGTGTT1	48	2	1	50
BvGTT6	59	6	3	50
BvTAC1	50	2	1	50
Bvv01	55	3	2	66.7
Bvv15	54	8	5	62.5
Bvv17	57	3	2	66.7
Bvv186	60	6	6	100
Bvv21	53	6	6	100
Bvv22	52	6	2	100
Bvv23	50	5	3	60
Bvv257	51	5	1	20
Bvv32	50	5	3	60
Bvv45	55	7	7	100

（续）

引物名称	最佳退火温度（℃）	扩增条带数	多态性条带数	多态性百分比（%）
Bvv53	53	6	4	66.7
GAA1	54	2	1	50
GCC1	58	4	3	75
GTT1	54	5	4	80
S13	53	7	4	57
S8	60	8	6	75
SB04	54	11	11	100
SB06	54	11	11	100
SB09	54	3	2	66.7
SB11	54	5	3	60
SB13	54	7	7	100
S10	55	3	1	33.3
SB15	54	9	9	100
总计		159	116	72.95

4.1.2.2　甜菜多重 SSR-PCR 扩增体系的建立

我们从上面的 31 对甜菜 SSR 核心引物中筛选出了 12 对 SSR 引物用来构建多重 SSR 体系，根据不同引物扩增片段大小的不同，我们在构建多重 PCR 时，遵循两个原则，第一是同一反应的引物扩增片段不重合，第二是退火温度基本相同。为了更好地观察多重 PCR 是否只是简单的单引物叠加，我们设置了 4 个单引物 PCR，14 个双重 PCR，2 个三重 PCR，4 个四重 PCR 以及 4 个五重 PCR，所有的多重 PCR 引物组合见表 4-4 至表 4-8。试验结果见图 4-3、图 4-4 和图 4-5，从图中我们可以看出，图 4-3 和图 4-4 银染图都很清晰，从凝胶图上我们可以清晰地看出，无论是两重 PCR 还是三重 PCR，所扩增的条带都是单一 PCR 的累加，完全反映了单一 PCR 的特性。图 4-5 中的四重和五重 PCR 除了 GCC1 的条带很清晰外，其余的条带则很淡，无法细分。

表 4-4　单一 PCR 的引物组合

组别	引物
一组	GAA1
二组	GTT1
三组	GCC1
四组	S2

表 4-5　双重 PCR 的引物组合

组别	引物 1	引物 2
一组	GAA1	GTT1
二组	GAA1	S2
三组	GAA1	GCC1
四组	GCC1	GTT1
五组	GCC1	S2
六组	BVV22	BVV01
七组	BVV22	SB04
八组	BVV22	BVV257
九组	BVV22	SB11
十组	BVV22	BVV257
十一组	BVV22	BVTAC1
十二组	BVV22	SB13
十三组	BVGTGTT1	BVV01
十四组	BVGTGTT1	SB04

表 4-6　三重 PCR 的引物组合

组别	引物 1	引物 2	引物 3
一组	GAA1	GTT1	S2
二组	GCC1	GTT1	S2

表 4-7　四重 PCR 的引物组合

组别	引物 1	引物 2	引物 3	引物 4
一组	BVV22	GAA1	GCC1	GTT1
二组	BVV22	GAA1	GCC1	S2
三组	BVV22	GAA1	GCC1	GTT1
四组	BVV22	GAA1	GCC1	S2

表 4-8　五重 PCR 的引物组合

组别	引物 4	引物 1	引物 2	引物 3	引物 4	引物 5
一组	GTT1	S3	BVGTGTT1	GAA1	GCC1	GTT1
二组	S2	S3	BVGTGTT1	GAA1	GCC1	S2
三组	GTT1	S3	BVV22	GAA1	GCC1	GTT1
四组	S2	S3	BVV22	GAA1	GCC1	S2

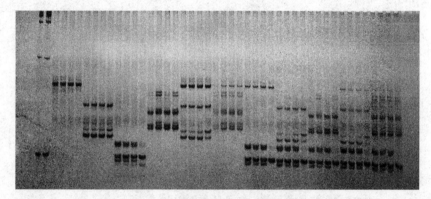

图 4-3　甜菜多重 PCR 银染图

最左边为 Marker Ⅰ；然后依次为单引物 GAA1、GTT1、GCC1、S2；紧接着的 5 个为双重 PCR，分别为 GAA1、GTT1、GAA1、S2，GAA1、GCC1，GCC1、GTT1，GCC1、S2；最后两个为三重 PCR，分别为 GAA1、GTT1、S2 和 GCC1、GTT1、S2

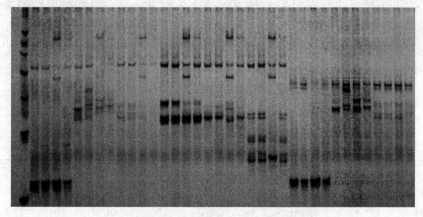

图 4-4　甜菜多重 PCR 银染图

最左边为 Marker 50bp；从左到右引物顺次为 BVV22、BVV01，BVV22、SB04，BVV22、SB11，BVV22、BVV257，BVV22、BVTAC1，BVV22、SB13，BVGTGTT1、BVV01，BVGTGTT1、SB04

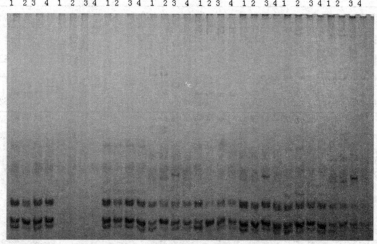

图 4-5　四至五重 PCR 银染图

1、2、3、4 代表品种编号，左边四组为四重 PCR，右边四组为五重 PCR

4.1.2.3　四重和五重 SSR-PCR 反应体系的优化

　　针对四重和五重 SSR-PCR 反应中条带较弱的现象，调整了四重和五重 SSR-PCR 的反应体系，在单一 SSR-PCR 的基础上，减少一半 GCC1 含量，不改变模板以及其他引物的含量，增加了 1/2 的 dNTP，重新进行了四重和五重的 PCR 反应，PCR 反应体系见表 4-9 和表 4-10，银染结果见图 4-6。从图 4-6 我们可以清晰地看出：成功扩增了两个四重 PCR（BVGTT1，GAA1，GCC1，GTT1；BVV22，GAA1，GCC1，GTT1）和两个五重 PCR（S3，BVGTGTT1，GAA1，GCC1，GTT1；S3，BVGTGTT1，GAA1，GCC1，S2），另外两个四重 PCR 和五重 PCR 个别的条带有些模糊，还有待进一步的研究。

表 4-9　四重及五重 PCR 的引物组合

	四重 PCR 的引物组合				五重 PCR 的引物组合			
引物 1	BVGTGTT1	BVGTGTT1	BVV22	BVV22	S3	S3	S3	S3
引物 2	GAA1	GAA1	GAA1	GAA1	BVGTGTT1	BVGTGTT1	BVV22	BVV22
引物 3	GCC1	GCC1	GCC1	GCC1	GAA1	GAA1	GAA1	GAA1
引物 4	GTT1	S2	GTT1	S2	GCC1	GCC1	GCC1	GCC1
引物 5					GTT1	S2	GTT1	S2

表 4-10　四重及五重 PCR 的反应体系

四重 PCR 反应体系		五重 PCR 反应体系	
成分	体积（μL）	成分	体积（μL）
10×PCR 缓冲液	1	10×PCR 缓冲液	1
dNTP（各 2.5mmol/L）	0.75	dNTP（各 2.5mmol/L）	0.5
Taq 酶	0.2	Taq 酶	0.2
引物 1	0.8	引物 1	0.8
引物 2	0.8	引物 2	0.8
引物 3	0.8	引物 3	0.8
引物 4	0.8	引物 4	0.8
dd H$_2$O	5.7	引物 5	0.8
模板	1	dd H$_2$O	4.9
		模板	1

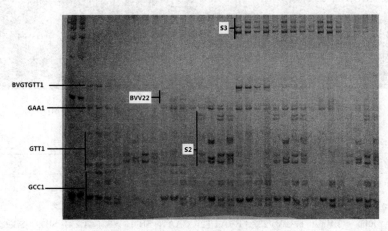

图 4-6　四重和五重 SSR-PCR 银染图

4.1.2.4　能够构建多重 SSR-PCR 反应的引物

我们通过对全部 SSR 核心引物的筛选，利用 Marker 确定不同的 SSR 引物片段的大小，选择了能够进行多重 PCR 反应的 SSR 引物，筛选的 SSR 引物银染图见图 4-7 和图 4-8，从图中我们可以看出有 18 对 SSR 核心引物能够进行多重 PCR 的构建，这 18 对核心引物能够组合成 100 多对双重 PCR，也可以组合成 70 多对三重 PCR，40 多对四重 PCR，最多能够组合成 40 多对五重 PCR，引物从大到小的组合顺序见表 4-11。

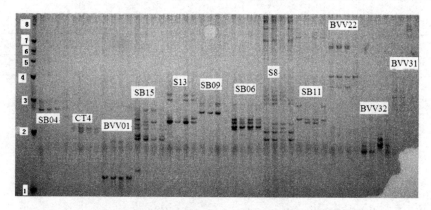

图 4-7　不同 SSR 核心引物的扩增图（左侧为 Marker 50bp）

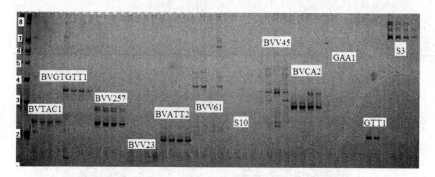

图 4-8　不同 SSR 核心引物的扩增图（左侧为 Marker 50bp）

表 4-11　适合于多重 PCR 构建的核心引物组合

引物大小	引物名称
>400bp	S3
200～300bp	BVGTT1，BVV22，BVV31
150～200bp	BVTAC1，BVV257，BVATT2，CAA1，SB11，SB04，CT4，SB09，SB06，S2
100～150bp	BVV01，CAA1，GTT1
<100bp	GCC1

4.1.3　结论

植物新品种的特异性（distinctness）、一致性（uniformity）和稳定性（stability）的测定（DUS 测试）是植物新品种授权的重要依据，也是判定植物新品种侵权案件的重要技术手段（戴剑，2007；李晓辉，2003；张肖娟，2011）。关于很多品种判断标准的研究已经开展，如棉花（丁奎敏，

2009)、玉米（李兰芬，2006；李祥羽，2009）、甘薯（李强，2005）、水稻（徐振江，2008；徐振江，2013）等。而国际植物新品种保护联盟也将 DNA 分子标记作为 DUS 测试的一项标准（庄杰云，2006）。由于甜菜品种间的亲缘关系较近，因此利用形态学的方法已经很难判断不同品种之间的差异性，而利用分子标记手段对品种进行鉴定为目前最好的方法，分子标记中以利用 SSR 分子标记为最好的方法，因其带型简单、易于识别、重复性好而得到重视，利用 SSR 鉴别品种一个最主要解决的问题就是要有一定数量的 SSR 核心引物作为支撑，很多作物都已经开展了相关的工作，并且取得了一定的进展，例如王凤格等人（2007）确立了 5 个玉米核心引物用于玉米品种纯度的鉴定；刘峰等人（2009）利用来自 Cotton Marker Database (CMD) 数据库中的 2 000 对引物对 32 份审定棉花品种基因组 DNA 进行了 PCR 扩增，筛选出 26 个多态性核心引物，其中 11 个引物被推荐为棉花品种鉴定的首选核心引物；李海渤等人（2010）对 746 对油菜的引物进行筛选，综合了清晰度、可重复性以及 PIC 值等因素，最终确定了 44 对甘蓝型油菜的核心引物。本研究通过利用 10 个国外品种对甜菜 101 对 SSR 引物进行筛选，最终选择出了 31 对适合于甜菜品种纯度和真实性鉴定的核心引物。这对将来甜菜品种指纹图谱库的建立以及加密具有重大意义，也将为可能出现的品种纠纷打下坚实的技术基础。

通过利用筛选出的甜菜核心引物进行甜菜多重 SSR-PCR 反应的实验，在综合考虑引物扩增片段的大小以及不能形成引物二聚体的情况下，最终确立了能够进行多重 PCR 反应的 18 对 SSR 核心引物。并且建立了甜菜多重 PCR 的反应体系为：甜菜二至三重 PCR 反应均以单引物 PCR 为基础，每增加一重 PCR，仅仅增加相应引物的量，同时减少去离子水的量，使总反应体系保持不变；对于四重和五重的 PCR，在保持其他体系不变的基础上，增加 0.5 倍的引物量，如果引物中有 GCC1，要减少一半的 GCC1 量，在此基础上，成功扩增出了 2 个四重 PCR 和 2 个五重 PCR。甜菜多重 PCR 反应体系的建立使甜菜 SSR-PCR 反应的扩增效率提高了 2～5 倍，并且节省了试剂和时间，甜菜多重 PCR 反应体系的建立也将大大加快品种纯度和真实性鉴定的速度。

4.2　适合甜菜品种鉴定的 SRAP 核心引物的筛选

以 12 个进口的国外甜菜品种为材料，对 546 对 SRAP 引物组合进行扩增，利用 8% 的非变性聚丙烯酰胺凝胶电泳进行分离，选择适合甜菜品种纯度鉴定的 SRAP 核心引物组合。结果从 546 对 SRAP 引物组合中筛选出了扩增条带清晰、多态性丰富、重复性好的引物组合 23 对，用这 23 对引物组合共扩增出 177 条多态性条带，引物的 PIC 值均大于 0.7，从理论上讲，这些核心引物完全可以实现对现有甜菜品种的鉴定。

相关序列扩增多态性（sequence-related amplified polymorphism，SRAP）是在 2001 年由美国加利福尼亚大学蔬菜系 Li 与 Quiros 在芸薹属作物开发出来的一种基于 PCR 的标记，该标记通过独特的双引物设计对基因的 ORF 的特定区域进行扩增。上游引物长 17bp，对外显子区域进行特异扩增；下游引物长 18bp，对内含子区域、启动子区域进行特异扩增。因个体不同以及物种的内含子、启动子与间隔区长度不同而产生多态性。该标记具有高效、简便、高共显性、产率高、重复性好等特点，因而在指纹图谱构建上得到了广泛的应用。SRAP 标记自发明以来就广泛应用到物种的遗传多样性分析以及指纹图谱的构建上，如 Liu 等人（2008）研究表明，SRAP 标记和 ISSR 以及 RAPD 一样能够应用于萝卜的遗传多样性分析；文雁成等（2006）分别利用 SSR 引物和 SRAP 引物构建甘蓝型油菜的指纹图谱，结果表明 SSR 中具有特定指纹的比例低于 SRAP；李建军等（2007）利用 SRAP 引物检测两系杂交稻品种陆两优 996 的纯度，结果与田间种植鉴定结果完全一致，说明 SRAP 标记适用于种子纯度的鉴定；祁伟（2008）利用 8 对 SRAP 引物组合，构建了 70 个蓖麻品种的 DNA 指纹图谱；赵永国等（2013）利用两对 SRAP 引物组合就鉴定了 14 份油莎豆品系。目前可查到的 SRAP 上游引物有 26 条，下游引物有 21 条，总共可以配成 546 对引物组合，由于 SRAP 引物在不同作物中扩增的条带不同，因此要想利用 SRAP 引物进行甜菜品种纯度的鉴定，就必须要从所有的 SRAP 引物组合中筛选出条带清晰、易于识别、多态性高的核心引物。本实验利用 16 个国外进口甜菜品种对 546 对 SRAP 引物组合进行筛选，找到适合甜菜品种指纹图谱构建的引物组合，为将来利用 SRAP 分子标记鉴定甜菜品种纯度以及构建甜菜品种指纹图谱提供理论和技术支持。

4.2.1 材料与方法

4.2.1.1 材料

4.2.1.1.1 供试材料

试验用的 16 份材料均为国外进口，这 16 个甜菜品种分别来自德国的

KWS 公司、瑞士的先正达公司（Syngenta）、德国的斯特儒博公司（Strube）以及法国的塞斯范德哈维公司（SES Vanderhave），品种名称及编号见表 4-12。

表 4-12　品种名称及其编号

编号	品种名称	品种来源	编号	品种名称	品种来源
1	H7IM15	SES Vanderhave	7	AMOS	SES Vanderhave
2	IM802	SES Vanderhave	8	SR-496	SES Vanderhave
3	H5304	SES Vanderhave	9	SR-411	SES Vanderhave
4	HI0479	Syngenta	10	SD12830	Strube
5	ST14991	Strube	11	SD13806	Strube
6	KUHN8060	SES Vanderhave	12	SD13829	Strube

4.2.1.1.2　引物

本实验中所用到的 SRAP 引物来自文献，由上海捷瑞生物工程有限公司合成，纯化方式为 PAGE（表 4-13）。

表 4-13　试验中用到的 SRAP 引物

正向引物	碱基序列（5′→3′）	反向引物	碱基序列（5′→3′）
Me1	TGAGTCCAAACCGGATA	Em1	GACTGCGTACGAATTAAT
Me2	TGAGTCCAAACCGGAGC	Em2	GACTGCGTACGAATTTGC
Me3	TGAGTCCAAACCGGAAT	Em3	GACTGCGTACGAATTGAC
Me4	TGAGTCCAAACCGGACC	Em4	GACTGCGTACGAATTTGA
Me5	TGAGTCCAAACCGGAAG	Em5	GACTGCGTACGAATTAAC
Me6	TGAGTCCAAACCGGTAG	Em6	GACTGCGTACGAATTGCA
Me7	TGAGTCCAAACCGGTTG	Em7	GACTGCGTACGAATTATG
Me8	TGAGTCCAAACCGGTGT	Em8	GACTGCGTACGAATTAGC
Me9	TGAGTCCAAACCGGTCA	Em9	GACTGCGTACGAATTACG
Me10	TGAGTCCAAACCGGTAC	Em10	GACTGCGTACGAATTTAG
Me11	TGAGTCCAAACCGGATG	Em11	GACTGCGTACGAATTTCG
Me12	TGAGTCCAAACCGGACA	Em12	GACTGCGTACGAATTGCT
Me13	TGAGTCCAAACCGGGAT	Em13	GACTGCGTACGAATTGGT
Me14	TGAGTCCAAACCGGGCT	Em14	GACTGCGTACGAATTCAG
Me15	TGAGTCCAAACCGGTAA	Em15	GACTGCGTACGAATTCTG

（续）

正向引物	碱基序列（5′→3′）	反向引物	碱基序列（5′→3′）
Me16	TGAGTCCAAACCGGTGC	Em16	GACTGCGTACGAATTCGG
Me17	TTCAGGGTGGCCGGATG	Em17	GACTGCGTACGAATTCCA
Me18	TGGGGACAACCCGGCTT	Em18	GACTGCGTACGAATTCAA
Me19	CTGGCGAACTCCGGATG	Em19	GACTGCGTACGAATTCGA
Me20	GGTGAACGCTCCGGAAG	Em20	AGGCGGTTGTCAATTGAC
Me21	AGCGAGCAAGCCGGTGG	Em21	TGTGGTCCGCAAATTTAG
Me22	GAGCGTCGAACCGGATG		
Me23	CAAATGTGAACCGGATA		
Me24	GAGTATCAACCCGGATT		
Me25	GTACATAGAACCGGAGT		
Me26	TACGACGAATCCGGACT		

4.2.1.2 方法

4.2.1.2.1 甜菜基因组 DNA 的提取

将实验所需的甜菜种子播种在营养钵中，待长出 4 片真叶时，将叶片以及下胚轴一起取出，利用真空冷冻干燥机将甜菜样品在冷冻的条件下进行脱水处理，然后用钢珠将样品打成干粉，使用碱裂解法快速提取甜菜基因组 DNA（吴则东，2013），并利用已知浓度的 λDNA 检测所提取 DNA 的浓度，最后将 DNA 稀释成 10ng/μL 的工作液，保存在冰箱保鲜层备用。

4.2.1.2.2 SRAP-PCR 反应体系和程序

反应的总体系为 20μL，参照王华忠等人（2007）的扩增程序，稍加修改，包含 dNTP（各 2.5mmol/L，高纯）1.2μL，Taq DNA 聚合酶 1U，10μmol/L 的上、下游引物各 0.8μL，模板 DNA 30ng，2μL 的 10×PCR 缓冲液，最后用灭菌的去离子水使终体积为 20μL。SRAP-PCR 反应程序：94℃预变性 3min，反应前 5 个循环为 94℃变性 1min，35℃复性 1min，72℃延伸 1min；随后的 35 个循环，复性温度提高到 50℃，最后 72℃延伸10min，变性及延伸同上。反应结束后，利用 8% 的非变性聚丙烯酰胺凝胶进行分离，快速银染法进行检测（王凤格，2004），并照相记录。

4.2.1.2.3 数据分析

根据 SRAP 扩增产物在电泳凝胶上的相对位置，确定不同的等位基因，在同一位置上，有带记为 1，无带记为 0。引物多态性的高低利用多态性信息含量（PIC，polymorphism information content）表示。$PIC = 1 - \sum_{i=1}^{n} p_i^2$ 其中 p_i 为 i 位点的基因频率，n 为等位基因数（Park，Alabady，2005）。

4.2.2　结果

4.2.2.1　引物的筛选

首先利用 6 个甜菜品种对全部 546 对引物组合进行筛选，初步筛选出 183 对具有多态性的引物，然后利用 12 个品种再次对选定的 183 对 SRAP 引物组合进行筛选，每对引物组合分别扩增两次，结果从中筛选出多态性好、条带多、易于识别的引物组合 23 对。用这 23 对引物组合总共扩增出 177 条多态性条带，平均每对引物组合扩增多态性条带数为 7.7 条，这 23 对引物组合 PIC 值均大于 0.6，达到高多态性标准，其中仅有一对引物组合 PIC 值为 0.69，其余 22 对引物组合 PIC 值均大于 0.7，而大于 0.8 的有 12 对，可以作为首选核心引物。图 4-9 为引物

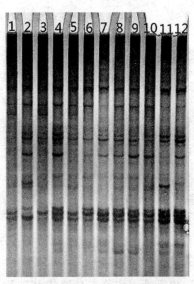

图 4-9　引物组合 EM7-ME21 对
12 个甜菜品种的扩增图
（1~12 对应的品种编号与表 4-1 相同）

组合 EM7-ME21 对 12 个甜菜品种的扩增图，从中我们可以看出，甜菜不同品种之间存在很好的多态性。

4.2.2.2　引物组合的多态性以及有效性的验证

按照赵久然等人（2003）的提法，如果一对引物扩增的等位基因数为 G_1，则这对引物能够鉴别的最大品种数为 G_1，那么 N 对引物所能鉴别的最大品种数则为 $N = G_1 \times G_2 \times \cdots \times G_N$，其中 G_N 为第 N 对 SRAP 引物所扩增的等位基因的个数，出现相同指纹的概率为 $1/N$。那么，其中 5 对 PIC 值大于 0.83 的引物组合所能鉴别的最大品种数则为 $9 \times 9 \times 10 \times 11 \times 12 = 1.0 \times 10^5$ 个品种。因此从理论上来讲，利用这 23 对 SRAP 引物组合（表 4-14）完全可以实现对现有甜菜品种的鉴定。

表 4-14　筛选出的引物组合以及扩增结果

编号	引物组合	等位基因数	PIC 值	编号	引物组合	等位基因数	PIC 值
1	EM1-ME18	8	0.81	13	EM7-ME10	10	0.86
2	EM1-ME19	7	0.75	14	EM7-ME21	8	0.81
3	EM3-ME12	5	0.69	15	EM10-ME21	11	0.87
4	EM3-ME16	8	0.82	16	EM11-ME23	5	0.74
5	EM3-ME17	9	0.85	17	EM14-ME21	5	0.74
6	EM3-ME5	9	0.76	18	EM16-ME19	12	0.89
7	EM3-ME6	7	0.79	19	EM16-ME23	8	0.83
8	EM4-ME10	5	0.73	20	EM16-ME8	9	0.78
9	EM4-ME21	8	0.81	21	EM18-ME10	7	0.79
10	EM4-ME3	9	0.85	22	EM18-ME6	7	0.72
11	EM4-ME8	7	0.81	23	EM19-ME2	7	0.80
12	EM5-ME4	6	0.76				

4.2.3　讨论

由于糖用甜菜本身遗传基础就比较狭窄，而在育种实践中骨干亲本的集中使用又使得相似品种更加难以鉴别。在作物品种鉴别上最好的分子标记是 SSR，但是由于甜菜 SSR 引物开发较少，能够利用的核心引物更少。因此有必要寻找其他可替代的引物，作为 SSR 分子标记的补充。本研究通过对 26 条正向引物以及 21 条反向引物组成的 546 对 SRAP 引物组合进行筛选，共找到 23 对扩增条带清晰、易于分辨、PIC 值高的引物组合，这 23 对引物组合共扩增出 177 条多态性条带，平均每对引物组合扩增出 7.7 条多态性条带。由于 SRAP 操作简单、分辨率高，结果稳定可靠，完全可以应用于甜菜品种的鉴定，因此可以作为 SSR 分子标记技术的重要补充。

4.3　适合于甜菜品种鉴定的 ISSR 核心引物的筛选

为了探寻适合甜菜品种鉴定的 ISSR 引物，用以构建甜菜品种的指纹图谱，利用一个品种对全部 100 条 ISSR 引物进行退火梯度实验，然后利用 16

个进口甜菜品种在每个引物的最佳退火温度下对全部引物进行扩增，筛选适合甜菜品种纯度鉴定的 ISSR 引物。结果从 100 条 ISSR 引物中筛选出多态性高、扩增条带清晰、重复性好的引物 16 条，这 16 条 ISSR 引物总共扩增出 100 条多态性条带，引物的 PIC 值均大于 0.6，从理论上讲，用这些核心引物完全可以实现对现有甜菜品种的鉴定。

　　ISSR 标记（inter-simple sequence repeat）是 1994 年由 Zietkiewicz 等人在微卫星标记的基础上发展起来的分子标记，它的基本原理是在 SSR 序列的任意一端加上 2~4 个随机的核苷酸，在 PCR 的扩增中，对于锚定引物互补的间隔不太大的重复序列间的 DNA 片段进行 PCR 扩增，扩增条带多为显性。近年来，ISSR 分子标记发展很快，因其引物通用性好、可重复性高、带型整齐而在品种纯度和真实性鉴定上得到了广泛的应用。如赵卫国等人（2006）筛选出的 17 条 ISSR 引物，分别利用三种不同的鉴定方法构建了 24 个桑品种的指纹图谱；缪恒彬等人（2008）仅用一条 ISSR 引物就把 25 个菊花品种完全分开；汪斌等人（2011）利用筛选出的 5 条 ISSR 引物构建了 82 个红麻种质资源的指纹图谱；然而，ISSR 分子标记技术在甜菜上的研究较少，付增娟等人（2008）对 ISSR 反应体系进行了优化，刘巧红等人（2012）利用一条 ISSR 引物构建了 6 个甜菜品种的指纹图谱，但均未对 ISSR 引物进行系统的研究，目前文献上报道的 ISSR 引物一共有 100 条。由于 ISSR 引物是通用引物，因此同一引物在不同作物中的扩增效率就不同，而对引物扩增效率影响的两大因素，一个是退火温度，另一个是 PIC 值（多态性信息含量）。本实验拟利用梯度 PCR 仪先确定不同引物的最佳退火温度，然后再利用 16 个来自不同国家的甜菜品种对全部引物进行扩增、筛选，每个实验均扩增两次，计算 PIC 值，筛选出适合于甜菜品纯度鉴定的核心引物，为 ISSR 分子标记在甜菜分子生物学上的应用奠定坚实的基础。

4.3.1　材料与方法

4.3.1.1　试验材料

　　我们选用的 16 个品种分别是近些年来在我国审定命名的国外品种，分别来自瑞士的 Syngenta 公司、法国的 SES Vanderhave 公司、德国的 KWS 公司、美国的 Betaseed 公司以及德国的 Strube 公司，品种名称及其编号见表 4-15。

表 4-15　实验中用到的品种

品种编号	品种名称	品种来源	品种编号	品种名称	品种来源
1	KWS6167	KWS	9	HI0466	Syngenta
2	KWS0143	KWS	10	HI0474	Syngenta
3	KWS4121	KWS	11	H5304	SES Vanderhave
4	KWS2409	KWS	12	AMOS	SES Vanderhave
5	SD13806	Strube	13	SR-496	SES Vanderhave
6	SD21816	Strube	14	SR-411	SES Vanderhave
7	SD12826	Strube	15	BETA464	Betaseed
8	HI0479	Syngenta	16	BETA580	Betaseed

4.3.1.2　DNA 提取

将实验用的 16 份种子分别种植在营养钵中，待长到 2 片真叶时，每个品种取 5 株放入真空冷冻干燥机中处理 48h，然后将干燥的植株放入 10mL 的离心管中，利用钢珠将甜菜植株打成干粉。利用碱裂解法提取甜菜基因组 DNA（郭景伦，2005），用加有已知浓度 λDNA 的 0.8% 琼脂糖凝胶电泳检测所提取 DNA 的浓度和质量，最后将提取的 DNA 稀释成 10ng/μL 的工作液，取出 50μL 放入冰箱保鲜层使用，其余放入−20℃保存备用。

4.3.1.3　ISSR 引物

选用加拿大哥伦比亚大学（University of British Columbia，UBC）公布的 100 条 ISSR 引物，引物由上海捷瑞生物工程有限公司合成，用灭菌双蒸水将每条引物稀释成 10μmol/L 的工作液，取出 100μL 放到冰箱保鲜层使用，其余放入−20℃冰箱保存。

4.3.1.4　ISSR-PCR 反应体系和程序

4.3.1.4.1　反应体系

反应体系为 20μL，反应体系中含 10×PCR 缓冲液（含 Mg^{2+}）2.0μL，0.5L dNTP（各 2.5mmol/L，高纯），引物（10μmol/L）0.8μL，1.0 U Taq DNA 聚合酶，20 ng 模板 DNA，最后用灭菌双蒸水补充至 20μL。

4.3.1.4.2　反应程序

PCR 反应在 Eppendorf 公司生产的 Mastercycler pro 梯度 PCR 仪上进行，首先 94℃预变性 4min；然后是 35 个循环，94℃变性 30s，退火 30s（不同引物退火温度不同），72℃延伸 45s；循环结束后，72℃延伸 5min。

4.3.1.5　引物的筛选

4.3.1.5.1　退火温度的确定

由于退火温度对 ISSR 引物的扩增效果影响很大（房海灵，2014），本实验设置了从 40℃到 60℃的 12 个退火温度，生成的温度梯度分别为 39.9、40.4、41.7、43.5、45.8、48.4、51.1、53.8、56.2、58.1、59.5、60.1℃。利用品种 KWS6167 来确定所有引物的最佳退火温度。扩增产物采用加有 Gelred 的 1.5%琼脂糖凝胶进行分离。

4.3.1.5.2　引物筛选

利用 16 个品种对全部有带的引物在最佳退火温度的条件下进行扩增，并计算所有引物的 PIC 值，根据引物的 PIC 值确定引物的多态性高低。PIC 值的确定利用 6%的非变性聚丙烯酰胺凝胶电泳检测，恒压 180V，90min，用快速银染法进行染色（王凤格，2004）。

4.3.1.5.3　数据记录

根据 ISSR 扩增产物在电泳凝胶上的相对位置，确定不同的等位基因，按照分子质量从大到小的顺序进行记录，在同一位置上，有带记为"1"，无带记为"0"。引物多态性的高低利用 PIC 值（Park，Alabady 2005）表示。$PIC = 1 - \sum p_i^2$，其中 p_i 为某引物扩增的第 i 个等位基因出现的频率；PIC 值在 0 和 1 之间，$PIC > 0.5$ 时为高多态性引物，$0.25 < PIC < 0.5$ 时为中度多态性引物，$PIC < 0.25$ 时为低多态性引物。

4.3.2　结果与分析

4.3.2.1　ISSR 引物的筛选

4.3.2.1.1　引物退火温度的确定

利用品种 KWS6167 对全部 100 条 ISSR 引物进行扩增，使用梯度 PCR 仪从 40℃至 60℃设置了 12 个不同的温度区间，每条引物均扩增两次，最终确定每条引物的适宜退火温度。结果表明，ISSR 引物的适宜退火温度并不是一个固定的温度，而是一个温度区间，在此区间内，PCR 产物没有变化。图 4-10 为引物 UBC891 和引物 UBC880 的不同退火温度下扩增产物的琼脂糖凝胶电泳图。不同引物的适宜退火温度见表 4-16。

4.3.2.1.2　核心引物的确定

利用 16 个品种，使每个引物在适宜退火温度的条件下进行扩增，记录

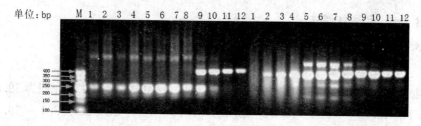

图 4-10　引物 UBC891（左）和 UBC880（右）的不同退火温度凝胶电泳图

（其中 1~12 是 12 个不同的退火温度，M 为 DNA 长度标记物）

表 4-16　筛选出的有效 ISSR 引物及其退火温度

引物代号	退火温度（℃）	等位基因数	PIC 值	引物代号	退火温度（℃）	等位基因数	PIC 值
807	45~50	6	0.784	842	50~54	5	0.655
808	57~60	8	0.828	872	45	5	0.729
809	51~60	6	0.789	878	46~50	5	0.642
811	55~59	7	0.826	880	45~48	8	0.803
812	50~55	5	0.727	885	45	7	0.817
834	49~55	7	0.804	889	52~58	6	0.763
835	45~49	6	0.797	890	50~55	6	0.775
840	46~50	8	0.845	891	56~58	5	0.666

每个引物的等位变异数，并计算不同引物的 PIC 值。结果表明有的引物多态性很低，有的引物扩增条带不易识别，最终从 100 条 ISSR 引物中筛选出扩增条带清晰、易于识别、多态性较高的引物 16 条，这些引物的 PIC 值最小的 0.642，最大的 0.845，均达到高多态性的标准。这 16 条引物共扩增出 100 条多态性条带，平均扩增多态性条带数为 6.25 条。图 4-11 为引物 UBC811 对 16 个甜菜品种的扩增图。

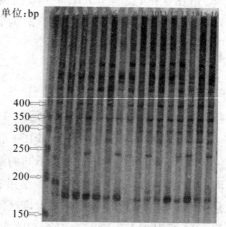

图 4-11　引物 UBC811 对 16 个

品种的扩增结果

（其中 1~16 对应品种编号，

M 为 DNA 长度标记物）

4.3.2.2　核心引物有效性的推测

引物的鉴别品种能力和引物检

测到的基因型个数有关，理论上 ISSR 引物可以区分的最大品种数 $N=$ $G_1 \times \cdots \times G_n$，其中 G_1、$G_2 \cdots G_n$ 分别为 1、2$\cdots n$ 对引物在检测的品种中检测到的基因型个数，出现相同指纹图谱的概率 $P=1/N$（刘峰，2009）。本实验筛选出的 16 条核心引物在 16 个品种上共检测到 100 个基因型，因此理论上这 16 条核心引物可以区分的最大品种数为：$N=6 \times 8 \times 6 \times 7 \times 5 \times 7 \times 6 \times 8 \times 5 \times 5 \times 5 \times 8 \times 7 \times 6 \times 6 \times 5 = 4.2 \times 10^{12}$，因此从理论上来讲，利用这 16 条 ISSR 引物完全可以对现有的几百个甜菜品种进行鉴定。

4.3.3　讨论

近年来，ISSR 分子标记在作物品种鉴定上取得了很大的进展，在很多作物上都利用 ISSR 分子标记构建了用以对品种进行区分的指纹图谱，如桑树（赵卫国，2006）、茶（刘本英，2008）、小菊（缪恒彬，2008）、烟草（聂琼，2010）以及凤梨（葛亚英，2012）等，但 ISSR 分子标记在甜菜中的利用研究较少，一种分子标记能够在一个物种上得到应用，首先就要确定这种分子标记中扩增条带清晰、多态性高并易于分析的核心引物，并确定每个引物的适宜退火温度，以利于后来人的应用。

本研究通过利用 1.5% 的琼脂糖凝胶来确定不同引物的适宜退火温度，并在适宜退火温度下利用 6% 的非变性聚丙烯酰胺凝胶电泳对 100 条 ISSR 引物进行分析检测，结果从中确定了适合于甜菜品种鉴定的核心引物 16 条，这些核心引物的 PIC 值为 0.642～0.845，均大于 0.5。通过对已有的 ISSR 引物的成功筛选，将加速 ISSR 引物在甜菜分子生物学上的应用，为将来单独利用 ISSR 分子标记或者联合 SSR 分子标记共同构建甜菜品种的指纹图谱，实现对甜菜品种纯度的快速鉴定打下坚实的基础。

4.4　甜菜 DAMD 引物的筛选及不同凝胶系统对扩增产物多态性的影响

为了筛选适宜于甜菜品种纯度鉴定的 DAMD 引物，利用 12 个不同的甜菜品种分别对 26 条 DAMD 引物进行扩增，并分别采用 6% 聚丙烯酰胺凝胶电泳和 2% 琼脂糖凝胶电泳分别对扩增产物进行检测。结果从 26 条 DAMD 引物中筛选出 16 条扩增清晰的引物，这 16 条引物共扩增出 139 条带，其中多态性条带为 122 条，多态性百分比为 87.7%，这 16 条引物可以作为甜菜品种纯度和真实性鉴定的核心引物，同时发现聚丙烯酰胺凝胶电泳与琼脂糖凝胶电泳的检测结果差异不大，而琼脂糖凝胶具有制作方便、检测简单以及不使用任何有毒试剂等优点，故推荐在甜菜 DAMD 扩增产物的检测中使用琼脂糖凝胶电泳。

近些年来，各种分子标记技术正应用于遗传多样性分析和指纹图谱的构建，例如 RFLP（姜丽红，2012）、SSR（Tu，2007；吴渝生，2003）、RAPD（贺功振，2017；徐雯，2017）、ISSR（陈超，2017；刘华君，2017）、AFLP（吴岐奎，2015）、SNP（匡猛，2016）、Indel（冯芳君，2006）及 DAMD（王掌军，2006）等。1993 年，Health 等（1993）提出了 DAMD（direct amplification of minisatellite DNA by PCR）技术，该技术的建立是基于之前已经发表的小卫星 DNA 核心序列，通过扩增基因组里富含有小卫星的重复序列可变区并串联而得到的。目前，DAMD 这种技术已经成功应用到了小麦（Bebeli，1997）、鹰嘴豆、甜瓜（王掌军，2006）以及鼠尾草（Ince，2012）等，但在甜菜上尚未广泛采用。兴旺等（2017）已经对甜菜建立起了 DAMD 的 PCR 体系，但目前尚未对适合于甜菜的 DAMD 引物进行系统研究。

本研究以 12 个来自不同国家的甜菜品种为材料，在建立优化的 DAMD-PCR 反应体系的基础上，通过对从文献中找到的 DAMD 引物进行扩增，找到适合于甜菜品种纯度鉴定的 DAMD 引物，同时，我们采用两种不同的检测方法对扩增结果进行分离、比较，分析两种方法的优劣。由此得到理想的 DAMD 引物检测方法，利于不同实验室之间的学习交流，为 DAMD 分子标记技术在甜菜品种和种质资源进行遗传多样性分析及鉴定上提供技术支持。

4.4.1 材料与方法

4.4.1.1 材料

本实验所选择的 12 个甜菜品种分别来源于中国、SES Vanderhave 公司、先正达公司、Strube 公司以及 KWS 公司，具体的品种名称和编号见表4-17。

表 4-17 实验中用到的甜菜品种及其编号

品种编号	品种名称	品种来源	品种编号	品种名称	品种来源
1	IM802	SES Vanderhave	2	HI1003	先正达

（续）

品种编号	品种名称	品种来源	品种编号	品种名称	品种来源
3	SD13812	Strub	8	HI0466	先正达
4	AMOS	SES Vanderhave	9	ADV0412	SES Vanderhave
5	SR411	SES Vanderhave	10	新甜 15	中国
6	SD21816	Strub	11	内甜单 1	中国
7	ST12937	Strub	12	KWS7156	KWS

4.4.1.2　DNA 提取

种植实验所用的种子，待其长到 4 片真叶时，每个品种取 5 株，叶片连同下胚轴一起取下，利用液氮进行研磨，之后用改良 CTAB 法（符德欢，2017）提取甜菜基因组 DNA，利用核酸蛋白测定仪测定提取到的 DNA 浓度和纯度，将其浓度稀释至 10ng/μL，用于接下来的 PCR 操作。

4.4.1.3　DAMD 引物及程序

实验中用到的 DAMD 引物均来自文献（Kang，2002；王掌军，2006）。实验中用到的体系及程序参考兴旺（2017）的文章。

4.4.1.4　产物检测及数据分析

PCR 扩增产物利用 2 种方法进行检测，分别是 6％的非变性聚丙烯酰胺凝胶电泳和 2％的琼脂糖凝胶电泳。聚丙烯酰胺凝胶采用快速银染法（王凤格，2004）显色并照相记录，琼脂糖凝胶采用加有 Gelred 的核酸染料，用凝胶成像系统进行拍照。

根据 PCR 扩增的电泳结果，在凝胶的相同迁移率位置上，对于清晰并可重复的条带，有带记为 1，无带记为 0，计算不同引物的多态性条带数以及多态性比率。对于多态性不好、带型不清晰或者带型不易统计的引物不予记录。

4.4.2　结果与分析

4.4.2.1　甜菜 DAMD 引物的筛选

利用 12 个甜菜品种对 26 条 DAMD 引物进行扩增，退火温度均为 55℃，每对引物至少重复两次，引物筛选均采用非变性聚丙烯酰胺凝胶电泳进行检测，结果有 16 对引物均扩增出了清晰条带，大部分引物扩增出的条带多态性都比较好，筛选出的 DAMD 引物序列名称、扩增的总条带数、多态性条带数、多态性条带的比率以及退火温度见表 4-18。从表 4-18 可以看出，不同引物的扩增效率不同，其中引物 62H（一）的扩增效率最高，多态性条带为 25 条。这 16 条引物扩增的总条带数为 139 条，其中多态性条带数为 122 条，总的多态性条带百分比为 87.7%。

表 4-18　适宜于甜菜品种鉴定的 DAMD 引物的筛选

引物名称	多态性条带数	总条带数	多态性条带百分比
62H（一）	25	26	96%
336	5	6	83%
624（＋）	4	5	80%
62H（＋）	5	6	83%
FV11E8C	5	5	100%
Fvllex8	7	7	100%
H8	4	4	100%
H9	2	2	100%
HBV3	7	8	88%
HBV5	15	17	88%
M13	5	6	83%
URP1F	13	13	100%
URP4R	7	9	78%
URP5F	4	6	67%
URP6R	4	7	57%
YNZ22	10	12	83%
总带数	122	139	87.7%

4.4.2.2　不同检测方法对甜菜 DAMD 引物多态性的影响

为探究不同的检测方法对甜菜 DAMD 扩增效果的影响，采用了非变性聚丙烯酰胺凝胶电泳（图 4-12）和琼脂糖凝胶电泳（图 4-13）两种检测方法对引物 M13 扩增产物分别进行了检测。结果显示：从检测的总条带和多态性条带数上来看，6％的聚丙烯酰胺凝胶电泳和 2％的琼脂糖凝胶电泳差异几乎没有，条带都很清晰，均易于识别，两者都能够将所扩增的产物较为理想地分离开来，就实验结果上，两者效果相当。因此，对于 DAMD 引物进行扩增产物的鉴定时，两者均可以采用，效果无明显差别。

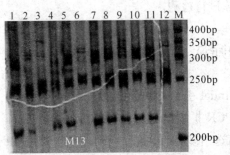

图 4-12　引物 M13 扩增产物的非变性
聚丙烯酰胺凝胶电泳结果

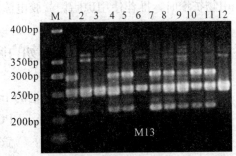

图 4-13　引物 M13 扩增产物的
琼脂糖凝胶电泳结果

4.4.3　结论与讨论

DAMD 标记是由 Heath 等人建立的用以直接扩增小卫星 DNA 的标记技术，可以直接反映 DNA 的多态性。DAMD 标记的退火温度相对于 RAPD 要高，引物碱基数相对较多，因此其稳定性要高于 RAPD。笔者利用 12 个不同的甜菜品种对 DAMD 引物进行扩增，共筛选出 16 条多态性好的 DAMD 引物，这 16 条引物共扩增出 139 条带，其中多态性条带为 122 条，这 16 条引物可以用于甜菜品种指纹图谱的构建以及遗传多样性分析等。

通过对 16 个 DAMD 引物扩增的试验结果表明，从总条带数和多态性条带数，6％的非变性聚丙烯酰胺凝胶电泳扩增的条带数与琼脂糖凝胶电泳的结果基本一致，无明显区别，两者的条带都很清晰，易于区分，因此单就对扩增产物的分析来看，两者均可。从经济角度来看，琼脂糖凝胶电泳所用试剂少，所耗费的材料少，价格相对来说更为便宜实用；聚丙烯酰胺凝胶所需药品多且有的试剂具有一定的毒性，对实验结果的处理上也需采用复杂的染色和显影才能得到最后的效果，整个流程所需的耗材也更多。从操作来看，琼脂糖凝胶电泳只需要较少种类的试剂就可以实现胶的配制，时间短，操作步骤简单，在电泳进行过程中也可以随时采用仪器观察实验结果来判断所用的时间，若未达到实验效果，还可以继续电泳；而聚丙烯酰胺凝胶所用试剂多，操作步骤也较为复杂，一旦中间出现了差错，就需要重新开始，就会造成试剂等的浪费。两者相比较，琼脂糖凝胶用于DAMD 引物扩增结果的分离时，效果与聚丙烯酰胺凝胶几乎无差别，其优势在于更为经济、操作方便，且无毒、安全性更高。因此，在甜菜 DAMD引物扩增时，推荐使用琼脂糖凝胶电泳进行检测。

4.5　甜菜 Indel-PCR 引物的筛选

通过筛选可用于甜菜分子标记的 Indel 引物，构建能够进行多重 Indel-PCR 反应的引物，以提高甜菜 Indel-PCR 扩增的效率。利用 8 个甜菜品种对 300 对甜菜 Indel 引物进行扩增，筛选出多态性较好、条带清晰、易于识别的甜菜 Indel 引物 44 对，这 44 对引物共扩增出总条带 116 条，其中多态性条带 109 条，多态性比率为 94％；其中有 36 对引物扩增的总条带为 2 或者 3 条，可以作为将来多重 Indel 引物的首选。

目前关于甜菜 Indel-PCR 引物的报道较少，农业农村部甜菜质检中心已经利用甜菜重测序结合生物信息学技术开发了 3 000 多对 Indel 引物，我们从中合成了 300 对 Indel 引物，通过对这 300 对引物进行扩增、检测，筛选出适合于甜菜分子标记的 Indel 核心引物，并从中选择可以用于多重 PCR构建的引物，为 Indel 引物更好地在甜菜分子生物学上利用提供参考。

4.5.1　材料与方法

4.5.1.1　实验材料

试验中用到的甜菜品种由糖料产业体系育种研究室提供，试验中用到的甜菜品种名称及编号见表 4-19。

表 4-19　试验中用到的品种名称及编号

品种编号	1	2	3	4	5	6	7	8
品种名称	Beta240	MA3018	Beta237	KWS3418	Beta379	KWS2134	KWS2463	MA3005

4.5.1.2　引物

试验中用到的 300 对 Indel 引物由农业农村部甜菜质检中心提供，按照ND1 至 ND300 进行编号，所有引物均由上海生工生物工程公司合成，HAP

纯化。

4.5.1.3 主要试剂及仪器

PCR 扩增所用的主要试剂 dNTP、Taq DNA 酶、10×PCR 缓冲液、模板 DNA、ddH$_2$O。主要仪器有 DYY-8B 型稳压稳流电泳仪、DYCZ-30C 型电泳槽、Eppendorf 的 PCR 仪。

4.5.1.4 实验方法

4.5.1.4.1 甜菜基因组 DNA 的提取

实验中用到的甜菜品种，我们首先在光照培养室中进行播种，取一对真叶展开期的甜菜幼苗基因组 DNA，利用改良的 CTAB 法进行提取，用灭菌的纯净水进行溶解，经核酸蛋白测定仪检测浓度后，取一部分稀释成 10ng/μL 的工作液，原液放入冰箱冷冻层进行保存。

4.5.1.4.2 扩增及检测

利用 8 个差异较大的甜菜基因组 DNA 对合成的 300 对甜菜 Indel 引物进行筛选，所用的体系参考吴则东等人（2008）的 SSR 反应体系，所用的 PCR 程序中的退火温度均为 55℃，循环 35 次。

4.5.2 结果及分析

4.5.2.1 甜菜 Indel 引物的筛选

利用 8 个甜菜品种对 300 对甜菜 Indel 引物进行扩增，大部分 Indel 引物没有多态性或者条带不易识别。最终按照多态性较好、条带清晰、易于识别的标准，筛选出好的甜菜 Indel 引物 44 对，这 44 对引物扩增的总条带数从 2 条到 8 条不等，但以 2 条为最多，为 29 对，占总筛选引物的 67%。这 44 对引物共扩增出总条带 116 条，其中多态性条带 109 条，多态性比率为 94%。筛选的引物名称、扩增总条带数、多态性条带数以及多态性百分比见表 4-20。引物 ND279、ND280、ND281 的扩增图见图 4-14。

表 4-20 筛选出的 Indel 引物名称、多态性条带数、总条带数及多态性百分比

引物名称	多态条带数	总条带数	多态性百分比（%）
ND108	2	2	100
ND10	2	2	100
ND11	2	2	100

（续）

引物名称	多态条带数	总条带数	多态性百分比（%）
ND120	2	2	100
ND121	2	2	100
ND129	4	4	100
ND18	2	2	100
ND183	4	4	100
ND189	8	8	100
ND220	2	3	67
ND228	2	2	100
ND229	1	2	50
ND231	2	2	100
ND233	3	3	100
ND81	2	2	100
ND237	2	2	100
ND238	3	3	100
ND239	4	4	100
ND242	3	3	100
ND243	3	3	100
ND244	5	5	100
ND246	2	2	100
ND248	2	2	100
ND253	4	5	80
ND260	1	2	50
ND267	2	2	100
ND270	2	2	100
ND275	2	2	100
ND277	1	2	50
ND22	1	2	50
ND279	2	2	100
ND280	2	2	100
ND281	3	3	100
ND283	2	2	100

（续）

引物名称	多态条带数	总条带数	多态性百分比（%）
ND285	4	4	100
ND286	2	2	100
ND31	3	3	100
ND49	2	2	100
ND63	2	2	100
ND65	2	2	100
ND66	3	3	100
ND73	2	2	100
ND74	1	2	50
ND75	2	2	100

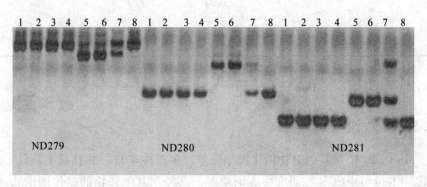

图 4-14　引物 ND279、ND280 及 ND281 扩增银染图

1～8 对应表 4-1 中的品种

4.5.2.2　多重 Indel 引物的确立

多重引物确立的一个标准就是不同引物的扩增条带不能有重叠，否则条带太多，很难构建成功多重 PCR，因此我们最终确定总条带为 2 条或者 3 条的 Indel 引物为将来可以利用的多重 Indel 引物。图 4-15 为可以建立三重 Indel 的三个引物，可以看到，这三对引物扩增的条带没有重叠和交叉，且扩增的总条带数较少，适合于构建多重 PCR。其中 7 对引物可以构建一个四重 PCR、多个三重以及二重 PCR，这 7 对引物按照扩增条带分子质量从大到小排列顺序见表 4-21。

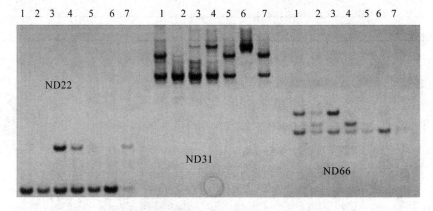

图 4-15   可以构建二重及三重 PCR 的三对引物

表 4-21   能够构建二重、三重及四重 PCR 的 7 对引物名称

	ND228	
	ND31	
ND267	ND229	ND66
	ND231	ND22

注：引物扩增条带的分子质量自上而下递减；上下之间可以自由组合成多重 PCR 引物，平行的不可以。

4.5.3   讨论与结论

Indel-PCR 与其他引物相比操作简单，多态性丰富，并且成本较低，所以近年来 Indel-PCR 在研究中逐渐增多，已经在其他作物的遗传图谱构建、遗传多样性分析等领域有所使用，由此可见 Indel-PCR 引物在植物研究中的可行性。甜菜 Indel 引物的筛选为 Indel 引物将来在甜菜分子生物学上的应用提供了可能，而多重 Indel 引物的筛选也为高效利用 Indel 引物、减少试剂使用、提高效率提供了思路。

第五章　利用不同分子标记技术
鉴别甜菜品种的研究

5.1　46份甜菜品种的SSR指纹图谱构建及遗传相似性分析

甜菜（*Beta vulgaris* L.）属于藜科（Chenopodiaceae）甜菜属（*Beta*）（Russell，1998），是世界两大糖料作物（甜菜和甘蔗）之一，甜菜糖的产量约占世界食糖总产量的1/4（Draycott，2006）。我国甜菜种植面积从1949年开始逐步上升，从1.59万 hm² 增加到1998年的41.5万 hm²（王桂艳，2001），此后甜菜种植面积逐年下降，目前维持在22万 hm² 左右。新中国成立后，中国开始了自己的甜菜育种工作，在2000年之前，中国国内销售的甜菜种子大部分都是国产的种子，而国产的种子中，中国农业科学院甜菜研究所和轻工业部糖业研究所的种子又占到市场份额的90％左右。从2000年开始，国外种子开始进入并占领中国市场，目前国外甜菜种子占到中国整个种子市场的95％以上（王维成，2010）。

目前我国甜菜种子市场比较混乱，假冒伪劣品种时有出现，坑农害农的现象偶有发生，而过去对于品种的鉴定都是采用形态学鉴定法，由于甜菜的亲缘关系较近，因此，形态学鉴定法不仅耗时长，而且准确率差。而以分子标记为基础的DNA指纹图谱技术则是鉴定品种或者品系的强有力工具（贾继增，1996），由于目前甜菜品种均为以细胞质雄性不育系为母本杂交而成，因此同一品种的基因型具有一致性。而指纹图谱对于每一个品种都具有高度的基因特异性，结果稳定而可靠，完全可以用于品种的鉴定。而以SSR为基础的分子标记具有重复性好、可靠性强、共显性、操作简单等特点而广泛应用于品种指纹图谱的构建，例如棉花（匡猛，2011）、玉米（吴渝生，2003）、马铃薯（段艳凤，2009）及水稻（程保山，2007）等都已经利用SSR技术构建了指纹图谱。甜菜SSR标记目前也已广泛应用到遗传多样性分析（王华忠，2008）、遗传图谱构建及 QTL 定位（Gidner，2005）等，但利用 SSR 技术进行甜菜品种指纹图谱构建的研究还未见有报道。本研究利用 SSR 技术对目前在中国大面积种植以及近年审定命名的甜菜品种构建指纹图谱，为知识产权保护、可能出现的品种纠纷等提供技术支持，并开展室内快速鉴定甜菜品种的纯度和真实性服务，以保护农民及育种家的利益。

5.1.1　材料与方法

5.1.1.1　供试材料

实验用到的 46 份甜菜品种分别是近些年来在我国三大甜菜主产区种植的审定命名品种，其中国外进口品种有 32 份，其中德国品种 11 个（KWS公司和斯特儒博公司），荷兰 14 个（荷兰的安地公司），美国 4 个（美国Betaseed 公司），瑞士 3 个（先正达公司）；其余为国产甜菜品种，其中新疆5 个［新甜 14 来自新疆农业科学院经济作物研究所，另外 4 个来源于新疆农业科技开发研究中心甜菜研究所（以下简称石河子甜菜研究所）］、内蒙古 4 个［内蒙古自治区农牧业科学院甜菜研究所（以下简称内蒙古甜菜研究所）］、黑龙江 5 个（中国农业科学院甜菜研究所）。所有的品种均由国内主要甜菜研究机构或者甜菜品种引进机构提供。实验分析工作在黑龙江大学甜菜遗传育种重点实验室进行。

表 5-1　品种来源及其编号

品种编号	品种名称	审定年份	育成单位	品种特性
1	H7IM15	2010	荷兰安地公司	二倍体单粒雄不育杂交种
2	IM802	2011	荷兰安地公司	二倍体单粒雄不育杂交种
3	H5304	2006	荷兰安地公司	二倍体单粒雄不育杂交种
4	HI0479	2011	瑞士先正达公司	二倍体雄不育单粒杂交种
5	ST14991	2011	德国斯特儒博公司	二倍体单粒雄不育杂交种
6	KUHN8060	2012	荷兰安地公司	不详
7	AMOS	2011	荷兰安地公司	二倍体单粒雄不育杂交种
8	SR-496	2012	荷兰安地公司	二倍体单粒雄不育杂交种
9	SR-411	2011	荷兰安地公司	二倍体单胚型杂交种
10	SD12830	2011	德国斯特儒博公司	二倍体单粒雄性不育杂交种

（续）

品种编号	品种名称	审定年份	育成单位	品种特性
11	SD13806	2012	德国斯特儒博公司	二倍体单粒雄性不育杂交种
12	SD13829	2012	德国斯特儒博公司	二倍体单粒雄不育杂交种
13	KWS6167	2012	德国 KWS 公司	不详
14	SD21816	2010	德国斯特儒博公司	二倍体多粒雄性不育杂交种
15	KWS0143	2003	德国 KWS 公司	二倍体单粒雄不育杂交种
16	普瑞宝	2004	荷兰安地公司	三倍体多粒雄不育杂交种
17	BETA464	2009	美国 Betaseed 公司	二倍体单粒雄性不育杂交种
18	KWS4121	2009	德国 KWS 公司	不详
19	巴士森	2001	荷兰安地公司	三倍体单粒雄不育杂交种
20	普罗特	2008	荷兰安地公司	二倍体单粒雄不育杂交种
21	SD12826	2010	德国斯特儒博公司	多粒二倍体雄不育杂交种
22	KUHN8062	2012	荷兰安地公司	不详
23	ADV0413	2007	荷兰安地公司	三倍体多粒雄不育杂交种
24	CH0612	2010	荷兰安地公司	二倍体遗传多粒
25	HI0466	2009	瑞士先正达公司	二倍体单粒雄性不育杂交种
26	BETA580	2008	美国 Betaseed 公司	二倍体单粒雄不育杂交种
27	ADV0412	2007	荷兰安地公司	二倍体单粒雄性不育杂交种
28	KWS2409	2005	德国 KWS 公司	二倍体多粒雄性不育系杂交种
29	BETA218	2005	美国 Betaseed 公司	多粒雄性不育二倍体杂交种
30	BETA356	2009	美国 Betaseed 公司	二倍体雄不育单粒杂交种
31	HI0474	2010	瑞士先正达公司	二倍体单粒雄性不育杂交种
32	KWS5145	2011	德国 KWS 公司	不详
33	ZD204	2002	中国农业科学院甜菜研究所	单胚二倍体雄性不育杂交种
34	ZD210	2005	中国农业科学院甜菜研究所	多胚二倍体雄性不育杂交种
35	ZM202	2008	中国农业科学院甜菜研究所	二倍体单粒雄性不育杂交种
36	新甜 17 号	2006	石河子甜菜研究所	二倍体单粒雄性不育杂交种
37	内甜单 1	2006	内蒙古甜菜研究所	二倍体单粒雄性不育杂交种
38	新甜 18 号	2008	石河子甜菜研究所	多粒二倍体雄性不育杂交种
39	内 2499	2010	内蒙古自治区农业科学院甜菜所	二倍体单粒雄性不育杂交种
40	新甜 14	2003	新疆农业科学院经济作物研究所	普通多粒多倍体杂品种
41	新甜 16	2005	石河子甜菜研究所	二倍体单粒雄性不育杂交种

(续)

品种编号	品种名称	审定年份	育成单位	品种特性
42	内 28128	2012	内蒙古甜菜研究所	二倍体单粒雄性不育杂交种
43	内 28102	2011	内蒙古甜菜研究所	二倍体单粒雄性不育杂交种
44	新甜 15	2003	新疆农科院经作所	普通多粒多倍体杂品种
45	甜单 305	2008	中国农业科学院甜菜研究所	三倍体单胚雄性不育杂交种
46	ST9818	2005	石河子甜菜研究所	二倍体多粒雄性不育杂交种

5.1.1.2 方法

5.1.1.2.1 DNA 提取

所有品种均种植在黑龙江大学呼兰校区温室，待长到 4 片真叶时，每个品种取 4 株，利用真空冷冻干燥机对植株进行处理 24h，然后将其放入 2mL 的离心管中，打成干粉后，利用碱裂解法进行 DNA 的提取，经 1％的琼脂糖电泳及加有不同浓度的 λDNA 检测 DNA 的纯度及浓度，最后将浓度调整至 10ng/μL。

5.1.1.2.2 引物

实验中所用的 SSR 引物均来自文献（Cureton，2002；Laurent，2007；Mörchen，1996；Smulders，2010；Viard，2002；牛泽如，2010），我们选取了其中的 29 对核心引物作为 46 份甜菜品种纯度和真实性鉴定的引物，所有引物均由上海生工（Sangon）公司合成，纯化方式为 HAP。

5.1.1.2.3 SSR 体系及 PCR 程序

10μL PCR 体系包括 2μL 模板 DNA，1μL 10×PCR 缓冲液，0.5μL dNTP（各 2.5mmol/L），正、反向引物（10μmol/L）各 0.4μL，0.5U 的 Taq DNA 聚合酶，最后加灭菌去离子水至总体积 10μL。PCR 程序：94℃ 预变性 4min；94℃变性 45s，退火（不同引物退火温度不同）50s，72℃延伸 1min，30 个循环；最后 72℃延伸 10min。扩增反应在 PTC-200 PCR 仪上进行。扩增产物于 8％的非变性聚丙烯酰胺凝胶上电泳分离，然后采用快速银染法（梁宏伟，2008）显色并照相记录。

5.1.1.2.4 数据处理

每个样品的电泳泳带按照有或者无进行记录，记录顺序按照分子质量从大到小，扩增条带在相同位置上，有带记为 1，无带记为 0。多态性位点

百分率 $P = k/n \times 100\%$，其中 k 为多态性位点的数目，n 为所检测到的位点总数。采用 NTSYS-pc V2.10 软件的 SAHN 程序和 UPGMA 方法进行聚类分析，并通过 Treeplot 生成聚类图。

5.1.2　结果与分析

5.1.2.1　SSR 引物的扩增

利用黑龙江大学甜菜遗传改良育种重点实验室前期从 101 对 SSR 引物中筛选出的多态性高、带型清晰、重复性好的引物 29 对，利用这 29 对甜菜 SSR 引物对全部 46 份国内外甜菜品种进行扩增，共获得 159 个等位位点，其中多态性位点 116 个，多态性比率为 92%，每对 SSR 引物扩增出的等位位点数为 2～11 个，平均每对引物扩增出 5.48 个基因型。扩增的条带大小在 100～400bp，大部分在 100～200bp。

5.1.2.2　SSR 指纹图谱的构建

我们采用一种新的方法，即用同一引物鉴别不同品种的工作，按照同一引物在不同品种中产生的条带差异，依照在同一位置有带记为 1，无带记为 0，将数据输入 Excel 中，左侧为品种代号，上面为产生的差异条带编号，按照条带从小到大的顺序进行，然后在同一竖排中，进行数据排序，这样就会将 0 和 1 分开，然后再以此排中 0 或者 1 较少的一组单独提出，删除第一排，再对第二排进行排序，以此类推，就能够逐步查找到与所有品种完全不同的 0、1 指纹所代表的那组品种，也能够找到指纹完全相同的品种，依靠此方法，我们在 29 对引物中找到了 7 对能够区别不同品种的引物，这 7 对引物分别为 SB04、S7、S6、BVV45、SB13、S13 和 S8，这 7 对引物区别品种的能力各不相同。其中 SB04 能够区别品种代号为 3 号、9 号、10号、11 号、16 号、21 号、23 号、24 号、26 号、27 号、32 号、33 号、34号、35 号、37 号、40 号、45 号和 46 号，区别的品种最多，而 19 号、29号、41 号和 42 号品种带型一致，1 号、6 号和 8 号品种带型一致，14 号和 39 号带型一致，18 号、28 号和 30 号带型一致，36 号和 44 号带型一致，2号、7 号和 22 号带型一致，13 号、15 号、17 号和 38 号带型一致；S6 可以鉴别的品种有 2 号、4 号、7 号、9 号、12 号、17 号、23 号、25 号、31 号、33 号、34 号、35 号、36 号、37 号、39 号、40 号、41 号和 46 号品种，而带型一致的品种代号有 28 号和 29 号，20 号和 33 号一致，27 号和 42 号一致，16 号和 45 号一致，43 号和 44 号样品带型一致，13 号和 18 号带型一致，26 号和 32 号带型一致，1 号、3 号、5 号、6 号、8 号、10 号和 21 号品种带型一致，其余品种带型一致；S7 可以鉴别的品种有 4 号、5 号、7 号、12 号、15 号、18 号、27 号、29 号、44 号、45 号和 46 号；BVV45 可以区分的品种有 13 号、17 号、22 号、32 号、40 号、41 号、42 号、44 号和 46 号；SB13 可以区别开 17 号、26 号、36 号、40 号和 45 号；S13 可以区分开 17 号和 26 号品种；S8 能够区分 9 号、33 号、35 号、39 号和 43 号品种。7 个引物区别品种的能力见表 5-2。

表 5-2 不同引物区别品种的能力

代号	SB04	S7	S6	BVV45	SB13	S13	S8
1							
2			√				
3	√						
4		√	√				
5		√					
6							
7		√	√				
8							
9	√		√				√
10	√						
11	√						
12		√	√				
13				√			
14							
15		√					
16	√						
17			√	√	√	√	
18		√					
19							
20							
21	√						
22				√			

（续）

代号	SB04	S7	S6	BVV45	SB13	S13	S8
23	√		√				
24	√						
25			√				
26	√				√	√	
27	√	√					
28							
29		√					
30							
31			√				
32	√			√			
33	√		√				√
34	√		√				
35	√		√				√
36			√		√		
37	√		√				
38							
39			√				√
40	√		√	√	√		
41			√	√			
42				√			
43							√
44		√					
45	√	√			√		
46	√	√	√				

　　利用这 7 对多态性高的引物，通过特殊引物法进行鉴别，鉴别不同的品种用不同的引物，有 36 个品种可以通过特殊引物法进行鉴别，只有 10 个品种不能够被鉴别，这 10 个品种的代号分别为 1、6、8、14、19、20、28、30、38 和 42，如果利用引物组合形成指纹对全部品种进行鉴定，只需要 3 对引物就可以把 46 个国内外的甜菜品种完全区分开，见表 5-3。

表 5-3　46 个品种的指纹图谱

品种	S6	S7	SB04
H7IM15	0 0 1 0 1 1 0 0 0 0 0	0 1 0 1 1 0 0 0 0	0 0 0 1 0 0 0 1 0 0 0
IM802	0 0 1 0 0 1 0 0 0 0 0	1 0 0 0 0 0 0 0 0	0 0 0 1 0 0 0 0 0 0 0
H5304	0 0 1 0 1 1 0 0 0 0 0	1 1 0 1 1 0 0 0 0	1 0 0 1 0 0 0 0 1 1 0
HI0479	0 1 1 0 0 0 0 0 0 1 0	0 1 0 0 0 0 0 0 0	0 0 0 1 0 0 1 0 0 0 0
ST14991	0 0 1 0 1 1 0 0 0 0 0	0 1 0 0 1 0 0 0 0	0 0 0 1 0 0 1 0 0 0 0
KUHN8060	0 0 1 0 1 1 0 0 0 0 0	1 1 0 1 1 0 0 0 0	0 0 0 1 0 0 0 1 0 0 0
AMOS	0 0 1 0 0 0 0 0 0 0 0	1 0 0 0 1 1 0 0 1	0 0 0 1 0 0 0 0 0 0 0
SR−496	0 0 1 0 1 1 0 0 0 0 0	1 0 0 0 1 0 0 1	0 0 0 1 0 0 1 0 0 0
SR−411	0 0 1 0 1 1 0 0 0 1 0	1 1 0 1 1 0 0 0 0	1 0 1 1 1 0 1 1 1 1 1
SD12830	0 0 1 0 1 1 0 0 0 0 0	1 1 0 1 1 0 0 0 0	1 0 0 0 1 0 0 1 0 1 1
SD13806	0 1 1 0 1 1 0 0 0 0 0	1 1 0 0 1 0 0 0 0	0 1 0 1 0 0 0 0 0 1 1
SD13829	0 1 0 0 0 0 1 0 0 0	1 1 0 0 0 1 0 0 1	0 0 0 1 0 0 1 0 0 0 0
KWS6167	1 1 0 0 0 1 0 1 0 0 0	1 0 0 0 0 0 0 0 1	0 1 0 0 0 0 0 0 0 0 0
SD21816	0 1 1 0 1 1 0 0 0 0 0	1 1 0 1 0 0 0 0 1	0 0 0 1 1 0 1 0 0 0
KWS0143	0 1 1 0 1 1 0 0 0 0 0	0 1 1 0 0 0 1 1 0	0 0 0 0 0 0 0 0 0 0
普瑞宝	0 1 1 0 1 1 0 1 0 1 0	1 1 0 1 1 1 0 0 1	0 0 0 1 0 0 1 1 0 1 1
BETA464	1 0 1 0 1 1 1 0 0 0 0	1 0 0 0 0 1 0 0 0	0 0 1 0 0 0 0 0 0 0 0
KWS4121	1 1 0 0 0 1 0 1 0 0 0	1 1 0 1 0 1 1 0	0 0 1 0 0 1 0 0 0 0
巴士森	0 1 1 0 1 1 0 0 0 0 0	1 1 0 1 1 1 0 0 1	0 0 1 0 0 0 0 0 0 0
普罗特	0 1 0 1 1 0 1 0 1 0	1 1 0 1 0 0 0 0 0	0 0 0 1 0 0 1 0 0 0 0
SD12826	0 0 1 0 1 1 0 0 0 0 0	1 1 0 1 0 0 0 0 0	1 0 0 1 0 0 0 1 1 0 0
KUHN8062	0 1 1 0 1 1 0 0 0 0 0	1 1 0 0 0 0 0 0 0	0 0 0 0 0 0 0 0 0 0
ADV0413	0 1 0 1 1 1 0 0 0 0 0	1 1 0 1 0 0 0 0 0	0 0 1 0 0 1 0 0 0 1
CH0612	0 1 1 0 1 1 0 0 0 0 0	1 1 0 1 1 0 0 0 0	0 0 1 0 0 1 1 0 0 1
HI0466	0 1 1 0 1 0 1 0 1 0		0 0 0 1 0 0 0 0 0 0 0
BETA580	1 0 1 0 1 0 1 0 0 0 0	1 0 1 0 0 1 0 0 0	0 1 1 0 1 0 1 0 0
ADV0412	0 1 0 0 1 1 0 1 0 1 0	1 0 0 0 0 0 0 1	1 0 1 0 0 1 0 1 0 0
KWS2409	1 0 1 0 1 1 0 0 1 0	0 1 1 0 1 0 1 1 0	0 0 1 0 0 1 0 0 0 0
BETA218	1 0 1 0 1 1 1 0 0 1 0	0 1 1 1 1 1 1 1 1	0 1 1 0 0 1 0 0 0 0
BETA356	0 1 1 0 1 1 0 0 0 0 0	0 1 1 0 1 0 1 1 0	0 0 1 0 0 1 0 0 0 0
HI0474	0 0 1 0 1 0 0 0 0 0 0	1 1 0 1 1 1 0 0 1	0 0 0 1 0 0 1 0 0 0 0

（续）

品种	S6	S7	SB04
KWS5145	1 0 1 0 1 0 1 0 0 0 0	1 0 0 0 0 1 0 0 0 1	0 0 1 0 0 0 1 0 0 0 0
ZD204	1 1 0 1 1 1 1 1 1 1 1	1 1 1 0 1 0 0 0 0 0	0 0 1 0 1 0 1 1 1 1 1
ZD210	1 1 0 1 1 1 1 1 0 1 0	1 1 1 0 1 0 1 0 1 0	0 1 1 0 1 0 1 1 1 0 0
ZM202	0 1 0 1 1 0 1 0 1 0	1 1 1 0 1 0 0 0 0 0	1 0 1 0 0 1 0 1 0 0 0
新甜 17 号	0 1 1 1 1 1 0 1 0 0 0	1 1 1 0 1 1 0 0 0 0	0 0 1 0 1 0 1 0 0 0 0
内甜单 1	0 1 0 1 1 1 0 1 0 0 0	1 1 0 1 1 1 0 0 0 0	0 0 1 1 1 1 1 1 0 1 1
新甜 18 号	0 1 0 1 1 1 0 1 0 0 0	1 1 0 1 1 1 0 0 0 0	0 1 0 0 0 0 0 0 0 0 0
内 2499	0 1 0 1 0 0 1 0 0 0 0	1 1 1 0 0 0 1 0 0 0	0 1 1 0 0 1 0 1 0 0 0
新甜 14	1 1 0 1 1 0 1 1 1 0 0	1 1 1 1 1 0 0 0 0 0	0 1 0 1 0 1 0 0 0 0
新甜 16	0 1 1 1 1 1 0 1 1 0 0	1 1 1 1 0 0 0 0 0 0	0 1 0 1 0 1 0 1 0 0 0
内 28128	0 1 0 0 1 0 1 0 1 0	1 1 1 0 1 0 0 0 0 0	0 1 0 1 0 1 0 0 0 0
内 28102	1 1 1 0 1 1 0 1 0 0	1 1 1 1 0 0 0 0 0 0	0 1 0 1 0 0 0 0 0 0
新甜 15	1 1 1 0 1 1 0 1 0 0	1 1 1 1 0 0 1 0 0 0	0 1 0 1 0 1 0 0 0 0
甜单 305	0 1 1 0 1 1 0 1 1 0 0	1 1 1 1 0 0 0 0 0 0	0 0 1 0 0 1 0 0 0 0
ST9818	1 1 1 1 1 1 0 1 1 1 1	1 1 0 0 1 0 0 0 1 0	1 0 1 0 1 1 1 1 1 1 1

5.1.2.3 聚类分析

　　按照 UPGMA 进行聚类分析，得到了 46 份甜菜品种的遗传关系树状图（图 5-1）。在遗传距离 0.16 处，46 份国内外品种被分成 4 个类群：其中第一类群仅有一个品种，是瑞士先正达公司的 HI0466；第二类群包括 17 个品种，包括 2 个瑞士先正达公司的品种、10 个荷兰安地公司的品种和 5 个的德国斯特儒博公司的品种；第三类群有 10 个品种，包括 4 个德国 KWS 公司的品种、4 个美国 Betaseed 公司的品种、1 个中国的品种新甜 16 和 1 个德国斯特儒博公司的品种；第四类群包括 17 个品种，其中 13 个品种为国产品种，4 个为进口品种，进口品种中包括 3 个荷兰安地公司的品种和一个德国 KWS 公司的品种。从聚类图上我们可以看出，大部分都是同一公司的品种聚在了一起，像第一类群中 14 号和 21 号品种，来自德国斯特儒博公司，品种间遗传距离仅有 0.178，16 号和 24 号品种、7 号和 8 号品种、6 号和 22 号品种，都是荷兰安地公司的品种，遗传距离分别为 0.144、0.178 和 0.186；第三类群的 10 个品种中除了一个中国的新甜 16 和德国的斯特儒博公司品种外，另外的 8 个品种均为 KWS 和 Betaseed 公司的品种，有 2 对是 KWS 公司品种聚在一起，有 2 对是 KWS 和 Betaseed 的品种聚在一起，而

Betaseed 公司是 KWS 公司的子公司，另外新甜 16 号也被聚类在其中，是因为新甜 16（刘焕霞，2006）的父本来自国外；第四类群中基本都是国产的甜菜品种，基本上同一育种公司的品种聚在了一起，像 33 号和 34 号品种均为中国农业科学院甜菜研究所的品种，内 28128 和内 28102 以及内甜单 1 和内 2499 均为内蒙古甜菜研究所的品种，另外有 4 个是国外品种，国外品种和国产品种聚在一起，说明很多国产品中都有国外的血统，例如新甜 17（刘焕霞，2007）、ZD204（马亚怀，2002）、ZD210（马亚怀，2006）、ZM202（李彦丽，2010）等。

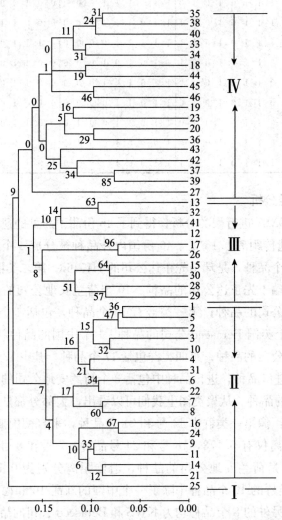

图 5-1　甜菜不同品种亲缘关系及遗传多样性聚类图

5.1.3 讨论

本研究所选用的 46 份甜菜品种来源于不同的国家，14 个为国产品种，14 个为荷兰安地公司的品种，6 个为德国斯特儒博公司的品种，5 个是 KWS 公司的品种，4 个是 Betaseed 公司的品种，3 个是瑞士先正达公司的品种，在遗传距离 0.16 处，将所有的品种分为 4 类，这四类品种基本上是以国别和种子公司进行的分类，第四类群中就包括了 13 个国产品种，第三类群中 10 个品种中有 8 个是属于德国 KWS 公司和 Betaseed 公司的品种，而这两个公司属于隶属的关系，第二类群中就有 10 个是荷兰安地公司的品种。同一公司的品种聚在一起非常普遍，也说明了目前生产上同一公司反复使用同一不育系或者授粉系配制品种而造成遗传基础狭窄这一事实，而有些国产甜菜品种和国外甜菜品种聚在了一起，也说明了国际育种合作正在加强，而国内不同甜菜育种单位的品种亲缘关系较近，代表了国内育种单位的合作也在加强。因为甜菜的遗传基础本来就比较狭窄，未来甜菜育种工作只有加强国内外的合作才有可能组配成更加优良的甜菜品种。

利用 3 对甜菜核心引物构建了全部 46 份国内外甜菜品种的指纹图谱，指纹图谱的构建将更好地为将来出现甜菜品种纠纷服务。而且在全部 29 对核心引物中，有 7 对引物单独使用就具备鉴别几个到十几个甜菜品种的能力。随着每年新品种的不断推出，品种的指纹图谱还要不断加密，我们还将不断筛选新的甜菜 SSR 核心引物，为不断增加的新品种做好技术准备。

5.2 不同核心引物的指纹图谱

利用前期筛选的核心引物，对已登记的 40 余份甜菜品种的基因组进行扩增，根据引物的不同，选择 6% 或者 8% 的聚丙烯酰胺凝胶电泳进行检测，结果表明，筛选的几种引物特征谱带明显。

5.2.1 不同 SCoT 核心引物的特征谱带

利用筛选出的 SCoT 引物对甜菜品种群体进行扩增，表 5-4 为 SCoT 核心引物及其编号，表 5-5 为实验中用到的甜菜品种及其编号，图 5-2 至图 5-6 为部分核心引物的扩增图。

表 5-4　甜菜 SCoT 核心引物及其编号

引物编号	1	2	3	4	5	6	7	8
引物名称	SCoT1	SCoT2	SCoT4	SCoT5	SCoT7	SCoT12	SCoT13	SCoT14
引物编号	9	10	11	12	13	14	15	16
引物名称	SCoT15	SCoT16	SCoT17	SCoT21	SCoT23	SCoT34	SCoT36	SCoT66

表 5-5　实验中用到的甜菜品种及其编号

品种编号	1	2	3	4	5	6	7
品种名称	kws1231	kws1197	Ls1210	kws2314	ss1532	kws1176	MA2070
品种编号	8	9	10	11	12	13	14
品种名称	MA3005	MA10-4	Flores	MA11-8	HI0936	MA3001	KuHN8060
品种编号	15	16	17	18	19	20	21
品种名称	KuHN1277	KuHN1125	KuHN1387	KuHN5012	SV893	KuHN1178	爱丽斯
品种编号	22	23	24	25	26	27	28
品种名称	AK3018	H7IM15	PJ1	ZM1162	VF3019	ST13929	SD13829
品种编号	29	30	31	32	33	34	35
品种名称	SD12830	BTS8840	BTS705	BTS2730	BETA176	BETA468	BTS5950
品种编号	36	37	38	39	40	41	42
品种名称	H003	SV1375	SR496	COFCO1001	SV1433	HX910	IM802

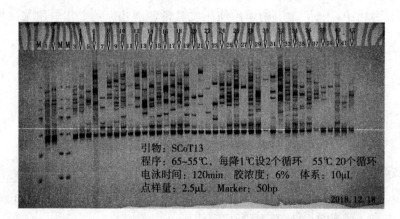

引物：SCoT13
程序：65~55℃，每降1℃设2个循环　55℃ 20个循环
电泳时间：120min　胶浓度：6%　体系：10μL
点样量：2.5μL　Marker：50bp
2018.12.18

图 5-2　引物 SCoT13 对 42 个甜菜品种的扩增结果图

　　图中 1~42 为品种编号，对应的品种名称见表 5-5，M 为 DNA 长度标记物，从上到下分别为 400bp、350bp、300bp、250bp、200bp、150bp、100bp 及 50bp。图中已经对引物名称、退火温度、胶的浓度、电泳时间以及点样量作了说明。

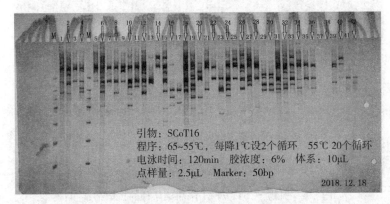

图 5-3　引物 SCoT16 对 42 个甜菜品种的扩增结果图

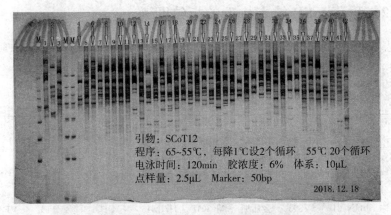

图 5-4　引物 SCoT12 对 42 个甜菜品种的扩增结果图

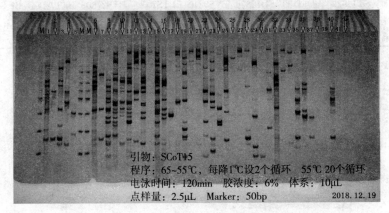

图 5-5　引物 SCoT15 对 41 个甜菜品种的扩增结果图

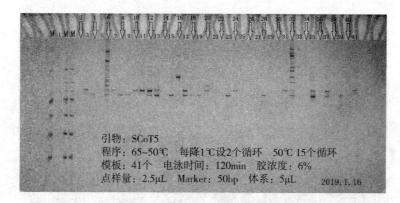

图 5-6　引物 SCoT5 对 41 个甜菜品种的扩增结果图

5.2.2　甜菜 ISSR 核心构建的指纹图谱

表 5-6 为实验中用到的甜菜品种及其编号，图 5-7、图 5-8 和图 5-9 为引物 ISSR826、ISSR827 和 ISSR825 对 39 个甜菜品种扩增的银染图。

表 5-6　实验中用到的甜菜品种及其编号

品种编号	1	2	3	4	5	6	7	8
品种名称	kws1231	kws1197	Ls1210	kws2314	ss1532	kws1176	MA3005	MA10-4
品种编号	9	10	11	12	13	14	15	16
品种名称	Flores	MA11-8	HI0936	MA3001	KuHN8060	KuHN1277	KuHN1125	KuHN1387
品种编号	17	18	19	20	21	22	23	24
品种名称	KuHN5012	SV893	爱丽斯	AK3018	H7IM15	PJ1	ZM1162	VF3019
品种编号	25	26	27	28	29	30	31	32
品种名称	ST13929	SD13829	SD12830	BTS8840	BTS705	BTS2730	BETA176	BETA468
品种编号	33	34	35	36	37	38	39	
品种名称	BTS5950	H003	SV1375	SR496	SV1433	HX910	IM802	

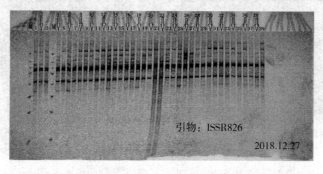

图 5-7　引物 ISSR826 对 39 个甜菜品种的扩增结果图

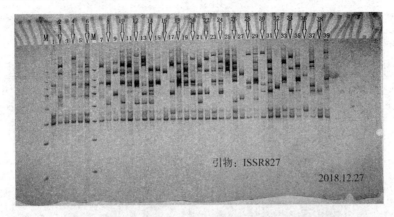

图 5-8 引物 ISSR827 对 39 个甜菜品种的扩增结果图

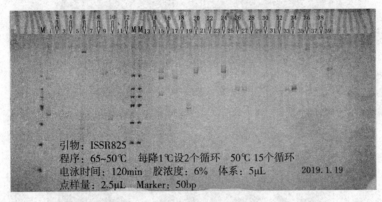

图 5-9 引物 ISSR825 对 39 个甜菜品种的扩增结果图

5.2.3 DAMD 核心引物的特征谱带

表 5-7 为实验中用到的甜菜品种及其编号，图 5-10 至图 5-14 为部分 DAMD 引物对 40 份甜菜品种的扩增结果图。

表 5-7 实验中用到的甜菜品种及其编号

品种编号	1	2	3	4	5	6	7	8
品种名称	kws1197	Ls1210	kws2314	kws9147	ss1532	MA2070	MA3005	MA10-4
品种编号	9	10	11	12	13	14	15	16
品种名称	Flores	MA11-8	HI0936	MA3001	KuHN8060	KuHN1277	KuHN1387	KuHN5012
品种编号	17	18	19	20	21	22	23	24
品种名称	SV893	KuHN1178	爱丽斯	AK3018	H7IM15	PJ1	ZM1162	VF3019

（续）

品种编号	25	26	27	28	29	30	31	32
品种名称	ST13929	SD13829	SD12830	BTS8840	BTS705	BETA176	BETA468	BTS5950

品种编号	33	34	35	36	37	38	39	40
品种名称	BETA796	H003	SV1375	SR496	COFCO1001	SV1433	HX910	IM802

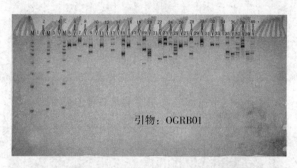

图 5-10　引物 OGRB01 对 40 个甜菜品种的扩增结果图

图 5-11　引物 URP4R 对 40 个甜菜品种的扩增结果图

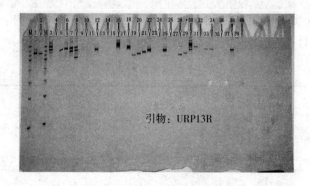

图 5-12　引物 URP13R 对 40 个甜菜品种的扩增结果图

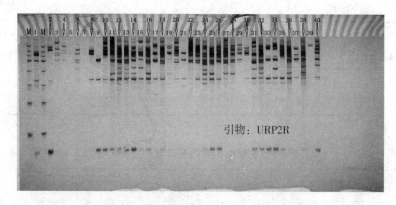

图 5-13　引物 URP2R 对 40 个甜菜品种的扩增结果图

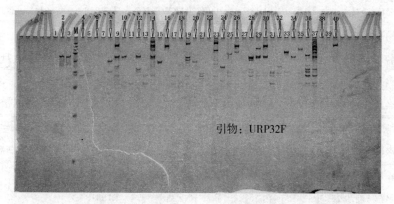

图 5-14　引物 URP32F 对 40 个甜菜品种的扩增结果图

5.2.4　甜菜 SSR 核心引物的特征谱带

SSR 引物比较多，以下列出部分引物的特征谱带，所用的引物名称及退火温度见表 5-8，品种名称及编号见表 5-9，扩增结果见图 5-15 至图 5-31。

表 5-8　实验中用到的引物名称及其退火温度（℃）

引物名称	GAA1	S13	SB09	S8	BVCA2	GTT1
退火温度	54	54	54	60	54	50
引物名称	SB04	SB06	S7	GCC1	BMB6	BVV01
退火温度	54	54	54	58	60	55

（续）

引物名称	BVV257	BVGTT6	BVV22	BVV32	BVV17	BVV45
退火温度	55	60	54	54	57	54
引物名称	BVV21	BVV15				
退火温度	54	54				

表 5-9　试验中用到的品种名称及其编号

品种编号	1	2	3	4	5	6	7	8
品种名称	H7IM15	IM802	H5304	HI0479	ST14991	KUHN8060	AMOS	SR-496
品种编号	9	10	11	12	13	14	15	16
品种名称	SR-411	SD12830	SD13806	SD13829	KWS6167	SD21816	KWS0143	普瑞宝
品种编号	17	18	19	20	21	22	23	24
品种名称	BETA464	KWS4121	巴士森	普罗特	SD12826	KUHN8062	ADV0413	CH0612
品种编号	25	26	27	28	29	30	31	32
品种名称	HI0466	BETA580	ADV0412	KWS2409	BETA218	BETA356	HI0474	KWS5145
品种编号	33	34	35	36	37	38	39	40
品种名称	ZD204	ZD210	ZM202	新甜 17 号	内甜单 1	新甜 18 号	内 2499	新甜 14
品种编号	41	42	43	44	45	46		
品种名称	新甜 16	内 28128	内 28102	新甜 15	甜单 305	ST9818		

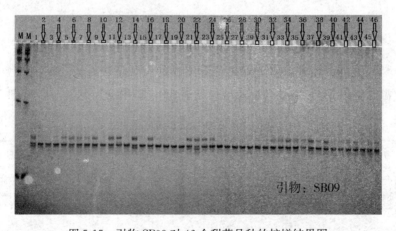

图 5-15　引物 SB09 对 46 个甜菜品种的扩增结果图

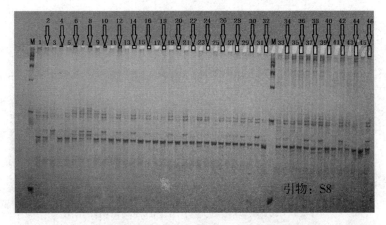

图 5-16　引物 S8 对 46 个甜菜品种的扩增结果图

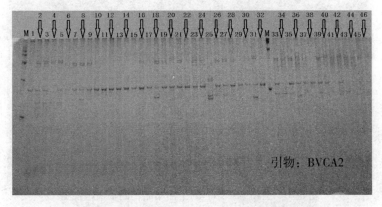

图 5-17　引物 BVCA2 对 46 个甜菜品种的扩增结果图

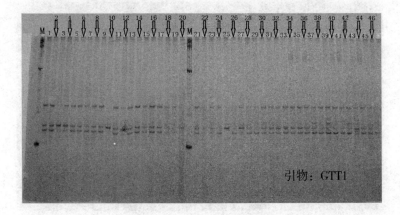

图 5-18　引物 GTT1 对 46 个甜菜品种的扩增结果图

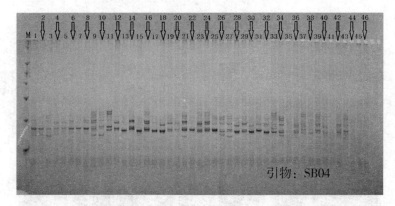

图 5-19　引物 SB04 对 46 个甜菜品种的扩增结果图

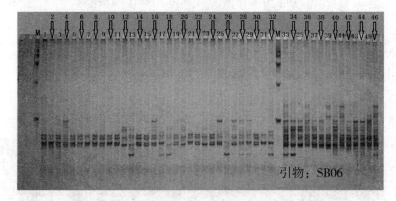

图 5-20　引物 SB06 对 46 个甜菜品种的扩增结果图

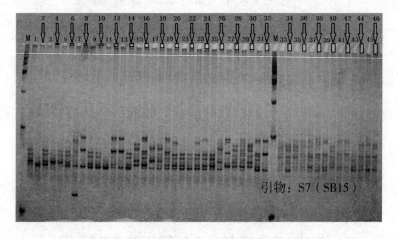

图 5-21　引物 SB15 对 46 个甜菜品种的扩增结果图

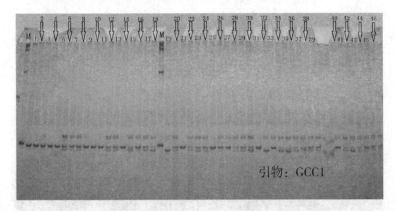

图 5-22　引物 GCC1 对 46 个甜菜品种的扩增结果图

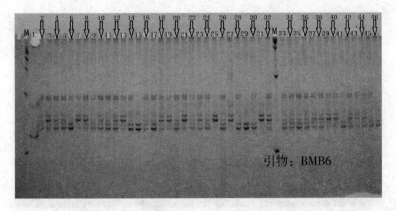

图 5-23　引物 BMB6 对 46 个甜菜品种的扩增图

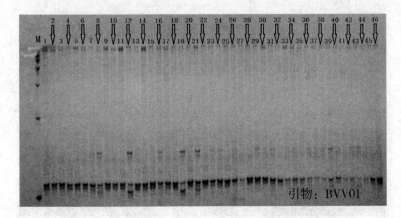

图 5-24　引物 BVV01 对 46 个甜菜品种的扩增结果图

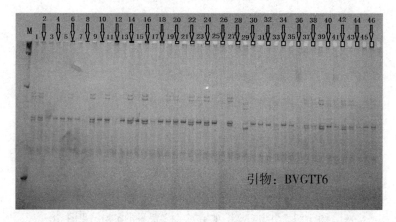

图 5-25　引物 BVGTT6 对 46 个甜菜品种的扩增结果图

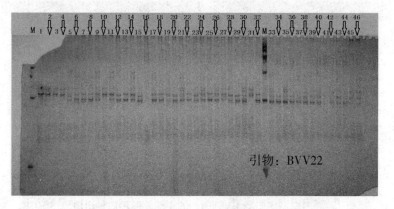

图 5-26　引物 BVV22 对 46 个甜菜品种的扩增结果图

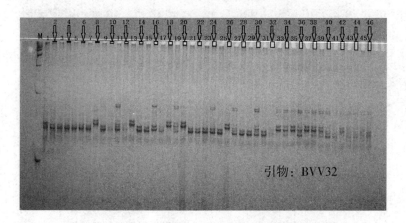

图 5-27　引物 BVV32 对 46 个甜菜品种的扩增结果图

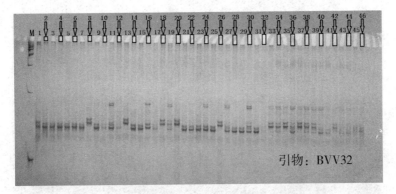

图 5-28 引物 BVV32 对 46 个甜菜品种的扩增结果图

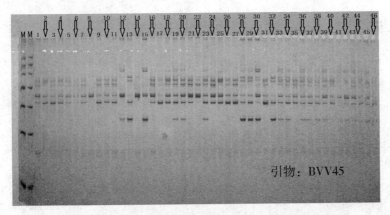

图 5-29 引物 BVV45 对 46 个甜菜品种的扩增结果图

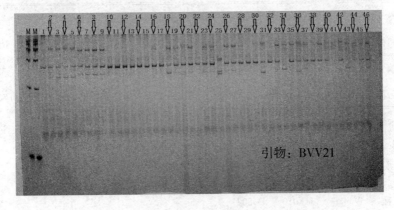

图 5-30 引物 BVV21 对 46 个甜菜品种的扩增结果图

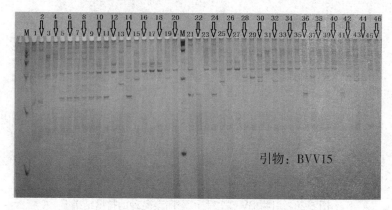

图 5-31　引物 BVV15 对 46 个甜菜品种的扩增结果图

5.2.5　甜菜 Indel 核心引物的特征谱带

Indel 系列引物比较多，但由于 Indel 引物特征谱带差异不大，以下仅列出 10 个引物的特征谱带，所用的品种名称及其编号见表 5-10，10 对引物的特征谱带见图 5-32 至图 5-41。

表 5-10　品种名称及其编号

品种编号	1	2	3	4	5	6	7	8
品种名称	kws1231	kws1197	Ls1210	kws2314	ss1532	kws1176	MA2070	MA3005
品种编号	9	10	11	12	13	14	15	16
品种名称	MA10-4	Flores	MA11-8	HI0936	MA3001	KuHN8060	KuHN1277	KuHN1125
品种编号	17	18	19	20	21	22	23	24
品种名称	KuHN1387	KuHN5012	SV893	KuHN1178	爱丽斯	AK3018	H7IM15	PJ1
品种编号	25	26	27	28	29	30	31	32
品种名称	ZM1162	VF3019	ST13929	SD13829	SD12830	BTS8840	BTS705	BTS2730
品种编号	33	34	35	36	37	38	39	40
品种名称	BETA176	BETA468	BTS5950	BETA796	H003	SV1375	SR496	COFCO1001
品种编号	41	42	43					
品种名称	SV1433	HX910	IM802					

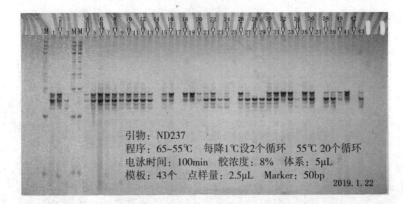

图 5-32　引物 ND237 对 43 个甜菜品种的扩增结果图

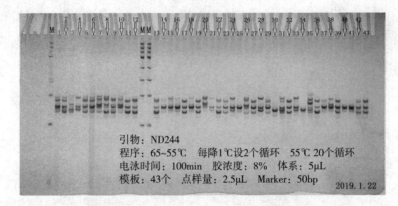

图 5-33　引物 ND244 对 43 个甜菜品种的扩增结果图

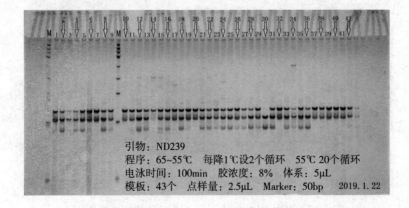

图 5-34　引物 ND239 对 43 个甜菜品种的扩增结果图

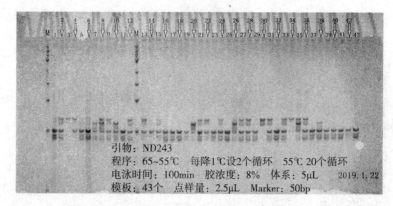

图 5-35　引物 ND243 对 43 个甜菜品种的扩增结果图

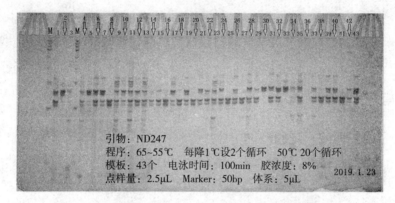

图 5-36　引物 ND247 对 43 个甜菜品种的扩增结果图

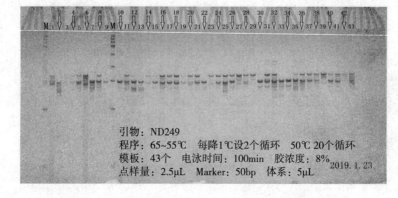

图 5-37　引物 ND249 对 43 个甜菜品种的扩增结果图

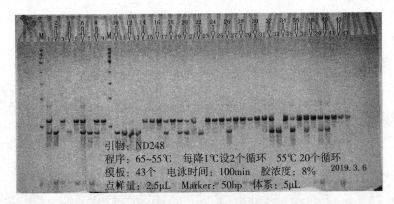

图 5-38 引物 ND248 对 43 个甜菜品种的扩增结果图

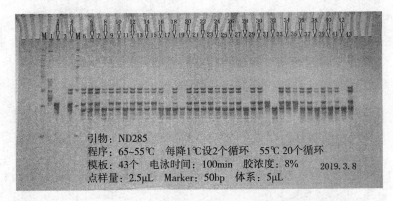

图 5-39 引物 ND285 对 43 个甜菜品种的扩增结果图

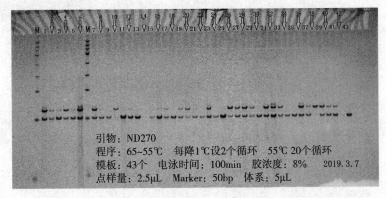

图 5-40 引物 ND270 对 43 个甜菜品种的扩增结果图

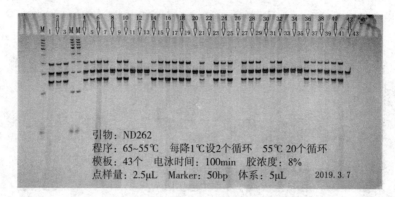

图 5-41　引物 ND262 对 43 个甜菜品种的扩增结果图

第六章 快速鉴定甜菜品种纯度和真实性的研究

通过对影响甜菜品种纯度和真实性鉴定的各种因素进行试验研究，从 DNA 的提取、检测、PCR 反应体系、程序以及电泳方法等多个方面进行了优化，最终确立了一套快速、高效、污染小、易于操作的一套方法。该方法使用 96 孔 PCR 板，利用碱裂解法提取干种子（或者干粉）DNA；使用 Gelred 替代致癌物 EB，利用 λDNA 检测提取样品 DNA 的浓度和质量。PCR 体系为 $10\mu L$，体系中包括 $1\mu L$ 的 $10 \times$ PCR 缓冲液（缓冲液中含有 Mg^{2+}），$0.5\mu L$ dNTP（各 2.5mmol/L），0.5U DNA 聚合酶，$10\mu mol/L$ 正、反向引物各 $0.4\mu L$（如果是多重 PCR 反应，增加相应的引物量），DNA 模板 10~40ng，用灭菌的去离子水补充至 $10\mu L$。并对 PCR 反应程序进行了优化，优化后的程序为 94℃预变性 4min；之后是 35 个循环，循环设置为 94℃变性 15s，退火 15s，延伸 30s；循环结束后，再 72℃延伸 5min。PCR 产物的分离使用操作简单、分辨率高的 8％非变性聚丙烯酰胺凝胶，电泳缓冲液为 $0.5 \times$ TBE，恒压 180V，根据不同引物扩增片段的大小，电泳时间为 1~2h。最后使用快速银染法对电泳后的聚丙烯酰胺胶进行检测，首先是将胶取下，放入含有 90mL 蒸馏水、10mL 无水乙醇、0.2g 硝酸银以及 0.5mL 冰醋酸的染色液中，利用摇床摇动 5min，然后用 100mL 蒸馏水进行漂洗几秒钟，最后放入含有 100mL 蒸馏水、3g 氢氧化钠以及 0.5mL 甲醛的显影液中显影 5min 左右，即可显示出清晰的条带，然后利用数码相机进行照相。利用以上的方法最终确立了一套简单、快速、节约、污染小的甜菜品种真实性和纯度的鉴定体系，促进了该技术的大规模使用，利用优化后的程序，配合 8 联排枪的使用，一个成熟的实验室操作人员只需一天就可以完成 192 份样品的检测。

中国是世界上重要的甜菜种植国，种植的面积每年维持在 22 万 hm^2 左右，2000 年以来，国外的杂交甜菜种子大量进入中国，目前国外的甜菜品种已经占到中国甜菜种子市场的 95％以上，国内的甜菜品种仅有极个别的还在种植，由于国外品种进入中国的时候都是进行丸粒化或者包衣处理，单纯从外包装很难判断品种的真伪，而品种的纯度和真实性对于农民以及糖厂尤为重要，目前国内还没有一个相关的机构能够对甜菜品种进行快速鉴定，使农民种上放心的种子，因此对于品种真实性和纯度的监督和检查就显得尤为重要。

SSR 分子标记因其具有数量丰富、多态性高、实验操作简单、结果可靠以及易于交流等特点，已经在品种纯度和真实性的鉴定中得到了广泛的应用，例如吴渝生等人（2003）在 96 对玉米的 SSR 引物中筛选出了 24 对引物，用于构建玉米品种的指纹图谱（这些 SSR 引物平均有 4 个扩增多态性片段），并且探讨了构建品种指纹图谱的统计学方法；张金渝等人（2006）还探讨了玉米 DUS 的测试标准，包括改良 CTAB 法提取基因组 DNA、筛选合适的核心引物、使用检测结果更好的 8％聚丙烯酰胺凝胶等，建立了一套适合于玉米品种纯度和真实性鉴定的测试方法；程保山等人利用 12 对水稻的核心引物区分开 35 个粳稻品种，并且有 6 个品种可以用单一的引物进行鉴别；匡猛等人（2011）仅用 5 对引物组合就区分了全部的 32 个棉花品种。对品种纯度和真实性的鉴定来说，很重要的一点是要能够产业化，易于不同实验室的交流，而且成本要尽可能低。影响品种纯度鉴定的主要因素有以下几个方面：一是 DNA 提取步骤过于复杂，二是 PCR 的时间较长，三是实验室中的各种药品（包括 dNTP、Taq 酶、引物）比较昂贵，四是凝胶的制作以及染色时间。对于品种的纯度和真实性的鉴定一般都需要 100 份左右的样品，因此就需要优化体系，建立一套快速、简单、实用的甜菜品种纯度鉴定的方法。目前很多作物都已经进行了相关方面的研究，例如水稻（刘之熙，2008）、豇豆（鲁忠富，2010）、玉米（谭君，2009）和瓠瓜（鲁忠富，2012）等，而甜菜在此方面的研究则属空白，为此，我们就影响品种纯度鉴定的几个因素进行实验，摸索出一套最适合于甜菜的品种纯度和真实性的鉴定方法。

6.1 鉴定体系的优化

6.1.1 DNA 提取方法的优化

6.1.1.1 实验材料

实验中使用的材料是我们从国内多个甜菜科研机构以及品种引进机构

搜集到的国内外品种 46 份，其中国产品种 14 份，进口品种 32 份，所有品种名称和编号见表 6-1。其中 1～32 为进口品种，33～46 为国产甜菜品种。

表 6-1　实验中使用的甜菜品种

品种编号	品种名称	品种编号	品种名称	品种编号	品种名称
1	H7IM15	17	BETA464	33	ZD204
2	IM802	18	KWS4121	34	ZD210
3	H5304	19	巴士森	35	ZM202
4	HI0479	20	普罗特	36	新甜 17 号
5	ST14991	21	SD12826	37	内甜单 1
6	KUHN8060	22	KUHN8062	38	新甜 18 号
7	AMOS	23	ADV0413	39	内 2499
8	SR-496	24	CH0612	40	新甜 14
9	SR-411	25	HI0466	41	新甜 16
10	SD12830	26	BETA580	42	内 28128
11	SD13806	27	ADV0412	43	内 28102
12	SD13829	28	KWS2409	44	新甜 15
13	KWS6167	29	BETA218	45	甜单 305
14	SD21816	30	BETA356	46	ST9818
15	KWS0143	31	HI0474		
16	普瑞宝	32	KWS5145		

6.1.1.2　DNA 的提取

基因组 DNA 的提取部位的不同，可以分为叶片、根或者种子，以前多数科研工作者对甜菜叶片进行 DNA 的提取，叶片提取又分为通过液氮对鲜叶片处理或者对冷冻的叶片进行处理，这些方法不仅操作的时间长，而且由于叶片在运输的过程中还要进行冷藏处理，携带非常不方便。本实验使用两种方法快速提取甜菜基因组 DNA，一种是改良 CTAB 法（腊萍，2006），另外一种是碱裂解提取法（郭景伦，2005）。在利用两种方法提取 DNA 的时候，对于国产品种，我们使用干种子研磨成粉末后进行提取；由于国外进口的种子都经过丸粒化和包衣处理，无法通过干种子直接进行 DNA 的提取，我们将国外种子种植在营养钵中，待长到 4 片真叶时，每个品种取 5 株，放入真空冷冻干燥机中，24h 后，水分脱干，将样品放入 2mL 的离心管中，然后将样品打成干粉。由于我们的样品只有 46 份，我们使用的是 96 孔 PCR 板，在操作前，将 PCR 板用剪刀剪成两个 48 孔。

CTAB 法提取参照张慧（2010）的方法，略有改动：①在 48 孔 PCR 板的每孔中均加入干粉 5mg 左右（余两孔，以下相同）；②在每孔中加入预热到 65℃的 CTAB 300μL；③利用平板离心机 3 000r/min 离心 10min；④再加入 300μL CTAB，混匀；⑤盖上硅胶盖，然后在 65℃水浴 40min；⑥取出 PCR 板后，在冰箱保鲜层中静置 10min，再加入 300μL 24∶1 的氯仿∶异戊醇，振荡 5min，然后利用平板离心机 3 000r/min 离心 10 min；⑦利用 8 联排枪吸出 400μL 上清液，加入每孔中已经放入预冷的 400μL 异丙醇的 48 孔 PCR 板中，轻轻混匀。－20℃放置 30min；⑧利用平板离心机 300r/min 离心 15min；⑨倒掉上清液，将 96 孔板倒扣在滤纸上 5min，然后利用电吹风吹至无酒精味；⑩每孔加入 50μL 灭菌的去离子水。

碱裂解法参照孙利萍等人（2012）的方法，有改动，首先在 48 孔 PCR 板中每孔放入 10mg 的干粉，然后每孔加入 0.5mol/L 的 NaOH 溶液 50μL，盖上乳胶盖，振荡均匀后，沸水浴 5min，然后每孔加入 50μL pH 8.0 的 Tris-HCl，利用平板离心机 3 000r/min 离心 10min 即可。

6.1.2 DNA 检测方法的优化

由于 EB 具有强烈的致癌性，又难于降解，我们选择毒性较小、价格也相对低廉的 Gelred 作为 EB 的替代品，利用加有 Gelred 的 0.8％琼脂糖检测甜菜基因组 DNA 纯度，每 100mL 琼脂糖加入 4μL Gelred，同时配制不同浓度的 λDNA，用以检测 DNA 的浓度。

6.1.3 PCR 反应体系和程序的优化

为了尽可能减少时间以及降低成本，我们将常用的 20μL 反应体系改为 10μL 反应体系，并对反应体系及 PCR 扩增体系进行了优化：

SSR 反应体系（10μL）：① dNTP（各 2.5mmol/L）用量分别为 0.2μL、0.4μL、0.6μL 和 0.8μL；② Taq 聚合酶分别为 0.2U、0.4U、0.6U 和 0.8U；③引物（10μmol/L）用量分别为 0.2μL、0.4μL、0.6μL 和 0.8μL；④模板用量分别为 10ng、20ng、30ng 和 40ng。

PCR 扩增程序：①94℃预变性 4min；94℃变性 60s，退火 60s（不同引物退火温度不同），72℃延伸 60s，35 个循环；最后 72℃延伸 7min。②94℃预变性 4min；94℃变性 45s，退火 45s（不同引物退火温度不同），72℃延伸 45s，35 个循环；最后 72℃延伸 7min。③94℃预变性 4min；94℃变性 15s，退火温度 15s（不同引物退火温度不同），72℃延伸 30s，35 个循环；最后 72℃延伸 5min。④44℃保存。

6.1.4　电泳检测方法的优化

由于大部分的 SSR 引物扩增的条带都在 100～300bp，而琼脂糖凝胶电泳的分辨率太低，难以在品种纯度和真实性的鉴定中发挥作用，而聚丙烯酰胺凝胶具有分辨率高的特点。聚丙烯酰胺凝胶又分为两种，一个是变性聚丙烯酰胺凝胶，一个是非变性聚丙烯酰胺凝胶，由于变性聚丙烯酰胺凝胶的制备过程过于复杂，我们使用分辨率高而且操作简单的 8%非变性聚丙烯酰胺凝胶，对甜菜 SSR-PCR 产物进行分离。改原来使用的伯乐电泳槽（一次上样 52 个）为北京六一仪器厂的 DYCZ-30 型电泳槽（一次上样达到 52×2 个）。PCR 结束后，PCR 板每孔加入 3μL 6×上样缓冲液（100mL 溶液中含有 40g 蔗糖、0.125g 溴酚蓝、0.125g 二甲苯腈蓝 FF），混匀后，每孔加入 1.5μL 混样，缓冲液为 0.5×TBE，恒压 180V，根据片段的大小以及片段的多少，电泳时间为 90～120min。电泳结束后，采用快速银染法（王凤格，2004）进行染色，首先将缓冲液倒入烧杯中（缓冲液可以反复使用 1 周），将垂直板电泳槽的 5 个螺丝拧松，然后取下胶板，轻轻用力，将长板和矮板分离，用 200μL 的枪头将附着在长板上的聚丙烯酰胺胶轻轻撬起一角，将胶放入染色液中（180mL 蒸馏水、20mL 无水乙醇、0.4g 硝酸银）5min，然后取出放入装有 100mL 蒸馏水的塑料盆中漂洗 10s，最后放入显影液（200mL 蒸馏水、6g 氢氧化钠、1mL 甲醛）中，直至显示出清晰条带。

6.2　结果与分析

6.2.1　两种快速提取甜菜基因组 DNA 方法的比对

我们使用的两种提取甜菜基因组 DNA 的方法都比以前的方法大大加速了，而且可以一次提取 96 份样品，检测结果见图 6-1，左侧为 10 个碱裂解法提取的 DNA，右侧的 10 个为 CTAB 法提取的 DNA，每个孔中均加入 6μL 预混样，其中包括 1μL DNA 样品、1μL 6×上样缓冲液和 4μL 的去离子水，从图中我们可以清楚地看到，两种方法均有效提取到了 DNA，碱裂解法提取的 DNA 含量相对较低，而 CTAB 法则提取的 DNA 含量较高，是碱裂解法的 3 倍左右。

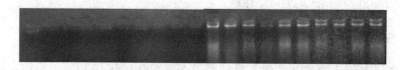

图 6-1　碱裂解法和 CTAB 提取 DNA 的琼脂糖检测图

（左侧 10 个为碱裂解法提取 DNA，右侧 10 个为 CTAB 法提取的 DNA）

6.2.2　PCR 反应体系和反应程序的优化

我们分别对碱裂解法和 CTAB 法提取的 DNA 进行稀释，使终浓度均为 10ng/μL，然后进行不同浓度的梯度 PCR 实验，利用 8% 的非变性聚丙烯酰胺凝胶进行分离，并利用快速银染法进行染色。最终的实验结果表明，在不改变反应结果的前提下，确立的最佳 PCR 反应体系为：10μL 的反应体系中包含 dNTP（各 2.5mmol/L）0.4μL、Tag 酶 0.4U，10μmol/L 正、反向引物各 0.4μL、10×PCR 缓冲液为 1μL，用灭菌的去离子水补充至 10μL。最佳的反应程序为：94℃预变性 4min；94℃变性 15s，退火温度 15s（不同引物退火温度不同），72℃延伸 30s，35 个循环；最后 72℃延伸 5min；4℃保存。利用优化后的程序，利用 SSR 引物 SB09 对碱裂解法提取的 DNA 进行扩增，扩增结果见图 6-2，从图中我们可以看出，碱裂解法提取的 DNA 完全能够满足 SSR-PCR 的要求。

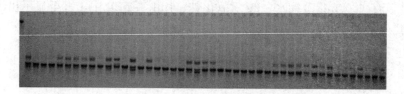

图 6-2　引物 SB09 对碱裂解法提取的 46 份品种的扩增图

（最左侧为 Marker Ⅰ）

6.2.3　优化后的方法与原方法对比结果

6.2.3.1　DNA 提取方法的比较

以前甜菜基因组 DNA 的提取都是采用 SDS 法或者 CTAB 法，提取一次 DNA 需要 1 个工作日，而且提取 DNA 的数量也有限。现在采用 96 孔 PCR 板，利用研磨好的干种子或者经真空冷冻干燥机处理后的叶片干粉为原材料进行 DNA 处理，采用碱裂解法一次提取 96 份样品也只需要 20min（表 6-2）；如果需要一次性提取纯度较高、量也较大的 DNA，就使用 CTAB 法，利用 96 孔 PCR 板，配合排枪的使用，使一次性提取 96 份 DNA 样品只需要半天的时间即可完成，而传统的方法提取 DNA，即使是 20 份也需要 1 个工作日。如果仅仅是利用 SSR 分子标记进行单纯的品种纯度或者真实性的鉴定，那么使用碱裂解法即可。

表 6-2　NaOH 法和常规法在提取 DNA 上的比较

提取方法	试剂数目	水浴时间	提取总时间（96 个样品）	有毒药品	难易度
CTAB 法或 SDS 法	超过 10 种	40～60min	6h 以上	有	难
NaOH 法	3 种	5min	20min	无	易

6.2.3.2　DNA 检测方法的比较

DNA 的检测方法分为琼脂糖检测法和分光光度计检测法，我们在实验中使用 Gelred 代替毒性极大的 EB，以 λDNA 为标准检测 DNA 的纯度，效果和 EB 检测差异不大，Gelred 的价格相对便宜，污染性小，而目前很多实验室无法对含有 EB 的废弃琼脂糖进行处理。

6.2.4　PCR 反应体系和程序优化的比较

优化后的 PCR 体系和程序与原方法相比较具有以下几个优点：①减少了试剂的使用，原来的 PCR 体系一般是 25μL 或者 20μL，现在使用的体系为 10μL，这样在试剂的使用上就减少了一半以上。②PCR 程序也由原来的一次 PCR 需要 150min 以上减少为现在的 90min。③改变性聚丙烯酰胺凝胶为非变性聚丙烯酰胺凝胶，并且改之前的伯乐大板为国产的小板，不仅操作简单，而且一次上样效率也比之前提高了 2 倍。④银染过程也大大地缩短了时间，优化前的银染时间大约为 40min，优化后的时间仅为 12min。

6.3　结论

通过对影响甜菜品种纯度和真实性鉴定的几个方面进行优化，每一步都减少了时间或者花费，建立了一套快速、简单、污染小、实用的鉴定甜菜品种纯度和真实性的方法，该程序包括以下几个方面：①利用碱裂解法快速提取甜菜基因组 DNA，使提取 96 份基因组 DNA 的时间由几个小时减少为 20min。②以 Gelred 代替 EB 对提取的 DNA 进行质量检测，减少了对环境的污染。③SSR-PCR 体系改 20μL 为 10μL，减少了一半的试剂用量。④PCR 程序改为 94℃ 4min；94℃ 15s，退火 15s，72℃ 30s，30 个循环；72℃ 7min；4 ℃保存。⑤产物的检测使用 8% 非变性聚丙烯酰胺凝胶，180V、90～120min 进行分离，用快速银染法进行染色；利用此方法对 96 份样品进行甜菜种子纯度的检测，一个熟练的科研人员可以在 1 个工作日内轻松完成，而如果在实验中利用商用的 Mix（将原反应体系中的 dNTP、Mg^{2+}、Taq 酶及染色剂合并）并配合多重 PCR 的使用，将会更大地提高实验效率。另外，我们在实验中将 SSR 上、下游引物稀释到相同的工作浓度后，取相同体积进行混合作为工作液，而且将模板 DNA、稀释后的引物、dNTP 以及 PCR 缓冲液均放置在 0℃ 的保鲜层，使用时可以直接吸取，不需要融化的过程，储 2 个月没有问题，这也在一定程度上减少了加样时间。由于本方法简单、实用、快速等优点，有利于不同实验室之间的交流以及开展品种纯度的鉴定。

附　　录

附录 A　药品的配制

A. 1　DNA 的提取

（1）灭菌双蒸水

（2）0.1mol/L NaOH（100mL）　称取 0.4g NaOH 加蒸馏水定容至 100mL。

（3）1mol/L Tris-HCl（1L）　用 800mL 蒸馏水溶解 121.1g Tris 碱，加浓盐酸调 pH 至所需值。

pH	HCl
7. 4	70mL
7. 6	60mL
8. 0	42mL

应使溶液冷至室温后，方可最后调定 pH。加水定容至 1 000mL。分装后高压蒸汽灭菌。4℃保存。

（4）0.5mol/L EDTA（pH 8.0，1 000mL）　将 186.12g EDTA-Na·2H$_2$O 加入 800mL 水中，剧烈搅拌。用 NaOH 调节溶液 pH 至 8.0（约需 20g NaOH 颗粒），用双蒸水定容至 1 000mL。高压灭菌，4℃保存。EDTA-Na·2H$_2$O 需加入 NaOH 将溶液 pH 调节至约 8.0 时才溶解。

（5）1×TE（pH 8.0，1 000mL）

Tris-Cl（1mol/L，pH 8.0）	10mL
EDTA（0.5mol/L，pH 8.0）	2mL

加蒸馏水定容至 1 000mL，分装后高压蒸汽灭菌，4℃保存。

（6）CTAB 提取缓冲液 1 000mL

1mol/L Tris·HCl（pH 8.0）	50mL
NaCl	40.91g
0.5mol/L EDTA（pH 8.0）	20mL

CTAB（65℃ 水浴溶解）　　　　　　　10g

加 ddH$_2$O 定容至 500mL。

（7）5mol/L NaCl（1 000mL）　　称取 292.2g NaCl，用蒸馏水溶解后，定容至 1 000mL，常温保存。

（8）24∶1 氯仿/异戊醇（500mL）　取 480mL 氯仿和 20mL 异戊醇混合。

（9）1.25％ SDS 提取液

SDS　　　　　　　　　　　　　　　1.25g

Tris-HCl（pH 8.0，1mol/L）　　　　10mL

EDTA（pH 8.0，0.5mol/L）　　　　　10mL

NaCl（5mol/L）　　　　　　　　　　10mL（或者加入 2.92g NaCl）

加蒸馏水定容至 100mL，灭菌备用。

A.2　琼脂糖凝胶电泳

（1）TBE（10×，1 000mL）贮备液

Tris 碱　　　　　　　　　　　　　　108g

硼酸　　　　　　　　　　　　　　　55g

0.5mol/L EDTA（pH8.0）　　　　　　40mL

先加蒸馏水溶解，再加 ddH$_2$O 定容至 1 000 mL。

（2）上样缓冲液（6×，100mL）

溴酚蓝　　　　　　　　　　　　　　0.25g

二甲苯腈蓝 FF　　　　　　　　　　　0.25g

蔗糖水溶液　　　　　　　　　　　　40g

加蒸馏水定容至 100mL，4℃保存。

（3）λDNA（50ng/μL）　取 λDNA（300ng/μL）100μL 稀释到 600μL。

（4）0.5μg/mL EB　称 5μg EB 溶于 10mL ddH$_2$O 中，常温保存。

A.3　聚丙烯酰胺凝胶电泳

（1）8％非变性聚丙烯酰胺凝胶工作液配方（100mL）

ddH$_2$O　　　　　　　　　　　　　70mL

10×TBE　　　　　　　　　　　　　10mL

40％丙烯酰胺（19∶1）　　　　　　　20mL

| TEMED | 100μL |
| 10%过硫酸铵（AP） | 1 000μL |

（2）40%聚丙烯酰胺贮备液（19∶1，1 000mL）

| 丙烯酰胺（Acr） | 380g |
| N',N'-亚甲基双丙烯酰胺（Bis） | 20g |

加蒸馏水定容至1 000mL，4℃保存。

（3）6%非变性聚丙烯酰胺凝胶工作液配方（100mL）

| 40%丙烯酰胺贮备液 | 150mL |
| 10×TBE | 100mL |

加蒸馏水定容至1 000mL，4℃保存。

（4）10%过硫酸铵溶液　称取2g过硫酸铵加20mL ddH$_2$O。

用ddH$_2$O配制的10%过硫酸铵溶液4mL，4℃下可保存一个月（可以分装成许多个小管，放入冷冻层保存）。

（5）配胶液　量取工作液50mL于80mL烧杯中，吸取TEMED 100μL和10%过硫酸铵200μL于烧杯中，用玻璃棒快速混匀。

（6）6×非变性双色上样缓冲液（100 mL）

溴酚蓝	0.125g
二甲苯腈蓝FF	0.125g
蔗糖	40g
ddH$_2$O	定容至100mL

A.4　银染

（1）固定液　10%体积分数乙醇和0.5%体积分数乙酸。

| 乙醇 | 100mL |
| 乙酸 | 5mL |

加去离子水定容至1 000mL备用。

（2）银染液　0.2%的AgNO$_3$，即用即配。

取2g硝酸银，溶于1L蒸馏水中，用于胶板的染色。

（3）显色液（100mL）

| 氢氧化钠 | 1.5g |
| 甲醛 | 0.4mL |

附录 B 反应体系

B.1 SSR 反应体系

模板 DNA	10~40ng
引物 1（10mmol/L）	0.6μL
引物 2（10mmol/L）	0.6μL
Taq DNA 聚合酶	0.5U
dNTP（各 2.5mM each）	0.3μL

用 ddH$_2$O 补充至 10μL。

B.2 利用 2×Taq PCR MasterMix 的 SSR 反应体系

模板	10~40ng
引物 1（10mmol/L）	0.6μL
引物 2（10mmol/L）	0.6μL
2×MasterMix	5μL
ddH$_2$O	补至 10μL

附录 C 电泳流程及银染

C.1 电泳流程

（1）装板 制胶的玻璃板分带边条的板（A）和不带边条的板（B），将两块板对上，带边条的一面向内使两块板之间产生空隙。将 A、B 板插入橡胶条中。A 板略向上放，B 板略向下放，套好。

（2）封底 板全部套好后，一字摆开，斜倚在窗台或其他面上，A 板面向自己。可见 A 板下端与橡胶条产生一个空隙。此缝隙需拿琼脂糖胶封住。

配制 1‰的琼脂糖胶（不要太凉）。琼脂糖质量不用太高。用枪或移液管将热的琼脂糖胶液灌入上述的缝隙中，胶液自然进入两板中间。胶液面不能太高（影响电泳用胶的长度），过低又会封不住底。一般封一遍后再从第一个再封一遍（此次胶液不会流进板内，把外面堵死）。放置冷凝。

（3）装板 将封好底的板轻轻放入槽中，一个槽放两套板。放入时，两套板均为 B 板向内，即较矮的一侧向内。每套板的两侧高度保持一致，并使橡胶条露出槽的多少一致。拧紧螺丝，以免电泳时漏缓冲液。

C.2　银染

（1）固定　电泳结束后，将胶置于 100mL 固定液中（10%无水乙醇，0.5%冰乙酸，0.2%的硝酸银），脱色摇床上缓慢摇动 5min，2 次。

（2）清洗　倒去 $AgNO_3$ 溶液，用 100mL ddH_2O 清洗 30s。

（3）显色　加入 100mL 显色液（1.5%氢氧化钠，0.4%甲醛），脱色摇床上缓慢摇动至肉眼看到清晰的 DNA 条带。

（4）冲洗　用清水将胶清洗数次。

附录 D　甜菜分子标记的引物序列

D.1　DAMD 引物序列

名称	序列（5′→3′）
$14C_2$	GGCAGGATTGAAGC
33.6	GGAGGTGGGCA
6.2H（－）	CCCTCCTCCTCCTTC
6.2H（＋）	AGGAGGAGGGGAAGG
FVⅡe8C	CCTGTGTGTGTGCAT
FVⅡex8	ATGCACACACACAGG
FVⅡexBC	TACGTGTGTGTGTCC
HVR（－）	CCTCCTCCCTCCT
HBV_3	GGTGAAGCACAGGTG
HBV_5	GGTGTAGAGAGGGGT
HVR	CCCTCCTCCTCCTTS
HVR2	CCTCCTCCCTCCT
M13	GAGGGTGGCGGCTCT
OGRB01	AGGGCTGGAGGAGGGC
R_7	TCGGATCTGATTTC
URP1F	ATCCAAGGTCCGAGACAACC
URP13R	TACATCGCAAGTGACACAGG

（续）

名称	序列（5′→3′）
URP17R	AATGTGGGCAAGCTGGTGGT
URP1F	ATCCAAGGTCCGAGACAACC
URP25F	GATGTGTTCTTGGAGCCTGT
URP2F	GTGTGCGATCAGTTGCTGGG
URP2R	CCCAGCAACTGATCGCACAC
URP30F	GGACAAGAAGAGGATGTGGA
URP32F	TACACGTCTCGATCTACAGG
URP38F	AAGAGGCATTCTACCACCAC
URP4R	AGGACTCGATAACAGGCTCC
URP6R	GGCAAGCTGGTGGGAGGTAC
URP9F	ATGTGTGCGATCAGTTGCTG
YNZ22	CTCTGGGTGTGGTGC

D.2 SRAP 引物序列

名称	序列（5′→3′）
Me1	TGAGTCCAAACCGGATA
Me2	TGAGTCCAAACCGGAGC
Me3	TGAGTCCAAACCGGAAT
Me4	TGAGTCCAAACCGGACC
Me5	TGAGTCCAAACCGGAAG
Me6	TGAGTCCAAACCGGTAG
Me7	TGAGTCCAAACCGGTTG
Me8	TGAGTCCAAACCGGTGT
Me9	TGAGTCCAAACCGGTCA
Me10	TGAGTCCAAACCGGTAC
Me11	TGAGTCCAAACCGGATG
Me12	TGAGTCCAAACCGGACA
Me13	TGAGTCCAAACCGGGAT
Me14	TGAGTCCAAACCGGGCT
Me15	TGAGTCCAAACCGGTAA

（续）

名称	序列 (5′→3′)
Me16	TGAGTCCAAACCGGTGC
Me17	TTCAGGGTGGCCGGATG
Me18	TGGGGACAACCCGGCTT
Me19	CTGGCGAACTCCGGATG
Me20	GGTGAACGCTCCGGAAG
Me21	AGCGAGCAAGCCGGTGG
Me22	GAGCGTCGAACCGGATG
Me23	CAAATGTGAACCGGATA
Me24	GAGTATCAACCCGGATT
Me25	GTACATAGAACCGGAGT
Me26	TACGACGAATCCGGACT
Em1	GACTGCGTACGAATTAAT
Em2	GACTGCGTACGAATTTGC
Em3	GACTGCGTACGAATTGAC
Em4	GACTGCGTACGAATTTGA
Em5	GACTGCGTACGAATTAAC
Em6	GACTGCGTACGAATTGCA
Em7	GACTGCGTACGAATTATG
Em8	GACTGCGTACGAATTAGC
Em9	GACTGCGTACGAATTACG
Em10	GACTGCGTACGAATTTAG
Em11	GACTGCGTACGAATTTCG
Em12	GACTGCGTACGAATTGCT
Em13	GACTGCGTACGAATTGGT
Em14	GACTGCGTACGAATTCAG
Em15	GACTGCGTACGAATTCTG
Em16	GACTGCGTACGAATTCGG
Em17	GACTGCGTACGAATTCCA
Em18	GACTGCGTACGAATTCAA
Em19	GACTGCGTACGAATTCGA
Em20	AGGCGGTTGTCAATTGAC
Em21	TGTGGTCCGCAAATTTAG

D.3 ISSR 引物序列

名称	序列 (5′→3′)
801	ATATATATATATATATT
802	ATATATATATATATATG
803	ATATATATATATATATC
804	TATATATATATATATAA
805	TATATATATATATATAC
806	TATATATATATATATAG
807	AGAGAGAGAGAGAGAGT
808	AGAGAGAGAGAGAGAGC
809	AGAGAGAGAGAGAGAGG
810	GAGAGAGAGAGAGAGAT
811	GAGAGAGAGAGAGAGAC
812	GAGAGAGAGAGAGAGAA
813	CTCTCTCTCTCTCTCTT
814	CTCTCTCTCTCTCTCTA
815	CTCTCTCTCTCTCTCTG
816	CACACACACACACACAT
817	CACACACACACACACAA
818	CACACACACACACACAG
819	GTGTGTGTGTGTGTGTA
820	GTGTGTGTGTGTGTGTC
821	GTGTGTGTGTGTGTGTT
822	TCTCTCTCTCTCTCTCA
823	TCTCTCTCTCTCTCTCC
824	TCTCTCTCTCTCTCTCG
825	ACACACACACACACACT
826	ACACACACACACACACC
827	ACACACACACACACACG
828	TGTGTGTGTGTGTGTGA
829	TGTGTGTGTGTGTGTGC

（续）

名称	序列（5′→3′）
830	TGTGTGTGTGTGTGTGG
831	ATATATATATATATATYA
832	ATATATATATATATATYC
833	ATATATATATATATATYG
834	AGAGAGAGAGAGAGAGYT
835	AGAGAGAGAGAGAGAGYC
836	AGAGAGAGAGAGAGAGYA
837	TATATATATATATATART
838	TATATATATATATATARC
839	TATATATATATATATARG
840	GAGAGAGAGAGAGAGAYT
841	GAGAGAGAGAGAGAGAYC
842	GAGAGAGAGAGAGAGAYG
843	CTCTCTCTCTCTCTCTRA
844	CTCTCTCTCTCTCTCTRC
845	CTCTCTCTCTCTCTCTRG
846	CACACACACACACACART
847	CACACACACACACACARC
848	CACACACACACACACARG
849	GTGTGTGTGTGTGTGTYA
850	GTGTGTGTGTGTGTGTYC
851	GTGTGTGTGTGTGTGTYG
852	TCTCTCTCTCTCTCTCRA
853	TCTCTCTCTCTCTCTCRT
854	TCTCTCTCTCTCTCTCRG
855	ACACACACACACACACYT
856	ACACACACACACACACYA
857	ACACACACACACACACYG
858	TGTGTGTGTGTGTGTGRT
859	TGTGTGTGTGTGTGTGRC
860	TGTGTGTGTGTGTGTGRA

（续）

名称	序列（5′→3′）
861	ACCACCACCACCACCACC
862	AGCAGCAGCAGCAGCAGC
863	AGTAGTAGTAGTAGTAGT
864	ATGATGATGATGATGATG
865	CCGCCGCCGCCGCCGCCG
866	CTCCTCCTCCTCCTCCTC
867	GGCGGCGGCGGCGGCGGC
868	GAAGAAGAAGAAGAAGAA
869	GTTGTTGTTGTTGTTGTT
870	TGCTGCTGCTGCTGCTGC
871	TATTATTATTATTATTAT
872	GATAGATAGATAGATA
873	GACAGACAGACAGACA
874	CCCTCCCTCCCTCCCT
875	CTAGCTAGCTAGCTAG
876	GATAGATAGACAGACA
877	TGCATGCATGCATGCA
878	GGATGGATGGATGGAT
879	CTTCACTTCACTTCA
880	GGAGAGGAGAGGAGA
881	GGGTGGGGTGGGGTG
882	VBVATATATATATATAT
883	BVBTATATATATATATA
884	HBHAGAGAGAGAGAGAG
885	BHBGAGAGAGAGAGAGA
886	VDVCTCTCTCTCTCTCT
887	DVDTCTCTCTCTCTCTC
888	BDBCACACACACACACA
889	DBDACACACACACACAC
890	VHVGTGTGTGTGTGTGT
891	HVHTGTGTGTGTGTGTG

（续）

名称	序列（5′→3′）
892	TAGATCTGATATCTGAATTCCC
893	NNNNNNNNNNNNNNNN
894	TGGTAGCTCTTGATCANNNNN
895	AGAGTTGGTAGCTCTTGATC
896	AGGTCGCGGCCGCNNNNNNNATG
897	CCGACTCGAGNNNNNNATGTGG
898	GATCAAGCTTNNNNNNATGTGG
899	CATGGTGTTGGTCATTGTTCCA
900	ACTTCCCCACAGGTTAACACA

D.4　SCoT 引物序列

名　称	序列（5′→3′）	G+C百分比（%）
SCoT 1	CAACAATGGCTACCACCA	50
SCoT 2	CAACAATGGCTACCACCC	56
SCoT 3	CAACAATGGCTACCACCG	56
SCoT 4	CAACAATGGCTACCACCT	50
SCoT 5	CAACAATGGCTACCACGA	50
SCoT 6	CAACAATGGCTACCACGC	56
SCoT 7	CAACAATGGCTACCACGG	56
SCoT 8	CAACAATGGCTACCACGT	50
SCoT 9	CAACAATGGCTACCAGCA	50
SCoT 10	CAACAATGGCTACCAGCC	56
SCoT 11	AAGCAATGGCTACCACCA	50
SCoT 12	ACGACATGGCGACCAACG	61
SCoT 13	ACGACATGGCGACCATCG	61
SCoT 14	ACGACATGGCGACCACGC	67
SCoT 15	ACGACATGGCGACCGCGA	67
SCoT 16	ACCATGGCTACCACCGAC	56
SCoT 17	ACCATGGCTACCACCGAG	61
SCoT 18	ACCATGGCTACCACCGCC	67

（续）

名　称	序列（5′→3′）	G＋C百分比（%）
SCoT 19	ACCATGGCTACCACCGGC	67
SCoT 20	ACCATGGCTACCACCGCG	67
SCoT 21	ACGACATGGCGACCCACA	61
SCoT 22	AACCATGGCTACCACCAC	56
SCoT 23	CACCATGGCTACCACCAG	61
SCoT 24	CACCATGGCTACCACCAT	56
SCoT 25	ACCATGGCTACCACCGGG	67
SCoT 26	ACCATGGCTACCACCGTC	61
SCoT 27	ACCATGGCTACCACCGTG	61
SCoT 28	CCATGGCTACCACCGCCA	67
SCoT 29	CCATGGCTACCACCGGCC	72
SCoT 30	CCATGGCTACCACCGGCG	72
SCoT 31	CCATGGCTACCACCGCCT	67
SCoT 32	CCATGGCTACCACCGCAC	67
SCoT 33	CCATGGCTACCACCGCAG	67
SCoT 34	ACCATGGCTACCACCGCA	61
SCoT 35	CATGGCTACCACCGGCCC	72
SCoT 36	GCAACAATGGCTACCACC	56
SCoT 37	CAATGGCTACCACTAGCC	56
SCoT 38	CAATGGCTACCACTAACG	50
SCoT 39	CAATGGCTACCACTAGCG	56
SCoT 40	CAATGGCTACCACTACAG	50
SCoT 41	CAATGGCTACCACTGACA	50
SCoT 42	CAATGGCTACCATTAGCG	50
SCoT 43	CAATGGCTACCACCGCAG	61
SCoT 44	CAATGGCTACCATTAGCC	50
SCoT 45	ACAATGGCTACCACTGAC	50
SCoT 46	ACAATGGCTACCACTGAG	50
SCoT 47	ACAATGGCTACCACTGCC	56
SCoT 48	ACAATGGCTACCACTGGC	56
SCoT 49	ACAATGGCTACCACTGCG	56

（续）

名　称	序列（5′→3′）	G+C百分比（%）
SCoT 50	ACAATGGCTACCACTGGG	56
SCoT 51	ACAATGGCTACCACTGTC	50
SCoT 52	ACAATGGCTACCACTGCA	50
SCoT 53	ACAATGGCTACCACCGAC	56
SCoT 54	ACAATGGCTACCACCAGC	56
SCoT 55	ACAATGGCTACCACTACC	50
SCoT 56	ACAATGGCTACCACTAGC	50
SCoT 57	ACAATGGCTACCACTACG	50
SCoT 58	ACAATGGCTACCACTAGG	50
SCoT 59	ACAATGGCTACCACCATC	50
SCoT 60	ACAATGGCTACCACCACA	50
SCoT 61	CAACAATGGCTACCACCG	56
SCoT 62	ACCATGGCTACCACGGAG	61
SCoT 63	ACCATGGCTACCACGGGC	67
SCoT 64	ACCATGGCTACCACGGTC	61
SCoT 65	ACCATGGCTACCACGGCA	61
SCoT 66	ACCATGGCTACCAGCGAG	61
SCoT 67	ACCATGGCTACCAGCGGC	67
SCoT 68	ACCATGGCTACCAGCGTC	61
SCoT 69	ACCATGGCTACCAGCGCA	61
SCoT 70	ACCATGGCTACCAGCGCG	67
SCoT 71	CCATGGCTACCACCGCCG	72
SCoT 72	CCATGGCTACCACCGCCC	72
SCoT 73	CCATGGCTACCACCGGCT	67
SCoT 74	CCATGGCTACCACCGGCA	67
SCoT 75	CCATGGCTACCACCGGAG	67
SCoT 76	CCATGGCTACCACTACCG	61
SCoT 77	CCATGGCTACCACTACCC	61
SCoT 78	CCATGGCTACCACTAGCA	56
SCoT 79	CCATGGCTACCACTAGCT	55.6
SCoT 80	CCATGGCTACCACTAGCG	61.1

D. 5 SSR 引物序列

序列号	引物名称	正向引物序列 (5′→3′)	反向引物序列 (5′→3′)
1	521.6	AATAAAAAAAATGTTAAAAAAGCAC	AAAACAGAGGTAAATCGGTCAAAC
2	A	TGAGACATTCTGGTACATT	CAGTCAAAATGTGAATTGTG
3	B	GTGGTTGTCGTCTGCAAGTG	CTCATCAAACTATAGCTGAGCCC
4	BI073246	ACGAGGAACAAATCCACACC	CAACACCAGGTCGATGTTTG
5	BI096078	CAATTCCCCTTCCAAAAACA	GCTAAACCAAACCCATGTGC
6	BI543628	GAACTCCTTTGACAGCATCTT	CCTTCAGCATCTCTCTCTCTC
7	Bmb6	CTCTGCCTGAATTACTAATCC	CAACTTCAATCAGGCAGTGC
8	BQ487642	ATCAAACTCCTCCTCTGTCTC	TTACAACAACAACAACAACAAA
9	BQ582799	CCTTGCCCGCTCTTTTTCA	CTCCCGTAGGCGTCTCTTCAT
10	BQ583448	TATTGTTCTAAGGCACGCA	CGCTATCCTCTTCGTCAA
11	BQ590934	ATCTCTGCCTCTACCGCC	GCATTTGTATTGTTATCTCTCTC
12	BU089565	GCTTGGGGCACTTGGCATTC	CTATACGTTGTGACCACGTG
13	BvATT2	CGGCAACCAATCAATCTAGG	AGGGTTTCGGGTCATGCTAT
14	BvCA2	CCTTGCTAGTTGCTGCTGTG	GCATATGTACAAGAGAGCCGTTT
15	BvGTGTT1	GGTTGGTGCACGAAGTGAC	GCCTAGAAGGTGGGAACTCA
16	BvGTT1	CAAAAGCTCCCTAGGCTT	ACTAGCTCGCAGAGTAATCG
17	BvGTT6	GAAATTAGGCGACTACTTGCAG	GGGCACAAAAACACACCTCT
18	Bvm2	AAGTAACCCAGGTAAAAGAC	CAACATTCCAAGTAATCAACAT
19	Bvm3	ACCAAATGACTTCCCTCTTCTT	ATGGTGGTCAACAATGGGAT
20	Bvm4	CATCCTACTTTCTCCGTT	CAAAGTGTCGACATAGATT
21	Bvml	CAGATGATTCACGAAGCAGG	CCTAAGGACAACATAAGTTCTG
22	BvTAC1	GGGAGCTCTCTGCCTTTTG	CATGACCATTACCATTACTCTCCA
23	Bvv01	CCATATGGAGGGGTAGAGCA	GTTTGCACCATAGGCACCACCACTTG
24	Bvv15	TGCTGACCTTGCAGTTAATAAGTT	GTTTCATGTGATGGCTTGCTTTCTAA
25	Bvv17	CGACGCCTTTTTGAAGGAATAGGAT	GTTTCACCCCTGGGTCCTGATCTACAAC
26	Bvv186	CACCATAACCGCCCCCACCATAAT	GTTTCTTGGCCGTAGGGTAAGGGTCAAC-TA
27	Bvv21	TTGGAGTCGAAGTAGTAGTGTTAT	GTTTATTCAGGGGTGGTGTTTG
28	Bvv22	CTATGCATCGCCCAATAATTACT-TAA	GTTTATATAACACTGCTTATTTAAT-GTCC

（续）

序列号	引物名称	正向引物序列（5′→3′）	反向引物序列（5′→3′）
29	Bvv23	TCAACCCAGGACTATCACG	GTTTACTGACAAAGCAAATGACCTACTA
30	Bvv257	GAAACCACATAAAAACCCCTCTTA	GTTTCAAGTAGTCCCGTTAACATCTGA
31	Bvv32	AGAAGCCTTTAAAATCCAACT	GTTTACATATGGAACTTTAATGAA-CAAGTGATAT
32	Bvv45	GTATAGCAAAAGTCATTTTGTTT-GTGT	GTTTCTCGGCCTTCCCTTTCTAAT-GTCTAG
33	Bvv53	CATGTCGAGGAGTGAGTTCAGGAA	GTTTCAACTATAGGTGCATCTTTTAC
34	C	ACTTCTAATGGAGTAAGAATG	ACGGCTACAGGAGAATATTA
35	D	AGCCCTGTAAATCAGTTTTC	ATCATGTTTCTTGCATCATG
36	DX580514	CCTAATGCCTCTTGTGCTAA	ATAGACCTCCTTGTGGGAAAC
37	EG551958	ATAACTCTCGCCTACAAATGA	TCTACCTTGCCCGTAAACT
38	EG552348	GGTGGTTATGCTCCTCCT	GGCTTTAGTCTTATTGCTGTG
39	FDSB1001	ACTTCAACCACTATCACAAAGTGAG	ATCTTATGCTGCCATGACCA
40	FDSB1002	GAAAACGGAGTTCAGTCAGGGA	CCTTAAACCTAAAAACGCCAGC
41	FDSB1007	ATTAGAATAGCATCAATTGTGG	CCTTATAGTTGGAATTGAGAAA
42	FDSB1011	CAACTTATTTAAGCCTTTTAGTGC	GATCCATTTATTTCGTGTTGA
43	FDSB1023	TCTCTCTCCCCCTAAAAGTTCA	GTAGCTAGTTCAGCAATCTTCGC
44	FDSB1027	CAGGCATGAGTAGCATGAACTAAAG	GCTGGATGCTGACAACTATGAAAC
45	FDSB1033	GCTGAGATGATGTTTGTTAGGGC	TTCAAATCGCCATCTCCCAG
46	FDSB1250	TTCACCGCCTGAATCTTTTC	CGACGAAGAATCGGGTAAAA
47	FDSB1300	AATTTAAACGCGAGAGCAGC	TCAGCTTCTGGGCTTTTTGT
48	FDSB1427	TTGAAGGCTCACCTCAAACAAA	CTGTTGCTGTTGCTGTTGCT
49	FDSB502	GCAAAAACCCAAAACCCTTT	TTTCTCTCTCCTCCTCTTCCTC
50	FDSB568	TTCTGGGGATGATTTCTTCG	CCGGGACAGAGAGAACAGAG
51	FDSB957	TCAATCCATCTCTATTCTCTCCG	GTCATGGTTGGTCGATCCTT
52	FDSB990	TCTCACCTGAAATCCGAACC	CCATCCGTAACTCGGTGACT
53	G1	TCATTTTAACACTTCAATCATCCAA	CCGAGATCGAAACACTCTCC
54	G10	CTGGATCAAATGGGGAGATT	ATTTCGTTTGGATGTGCGTT
55	G11	TGCACCATGAAGCAACTTGT	TTGCAGGTGTTATTTAGAAGGAAA
56	G12	GCTTAACGAGGATAGCGACG	AAGCTTAACGAGGCAGGGTT
57	G13	GCTTAGTAGGCAGAGGAAAAGAAA	CCTCCAATCGCAGGTTAAAA

（续）

序列号	引物名称	正向引物序列 (5′→3′)	反向引物序列 (5′→3′)
58	G14	AGCTTAACGAGGAAGGAGGC	TTGTCAAGGTAGCAACCAAAAA
59	G2	GGGTAGTCGAGGCATGTTGT	CGAGGGATACTCTAGAGCGG
60	G3	TCTTGGACCCCATTTCTTTTT	TGAAGCCATGTTGTTGAAGC
61	G4	CTAAAAGATGTCCCCTGCCA	TCACCTCTGAACCCCAAAAC
62	G5	AGCCAAGCAAGTGCAGATTT	GGAAAACAGTGGGGTGAGAA
63	G6	TCTGTGATCTTCCGTGATGTG	CCAGACAACGAAAAGGGAAC
64	G7	CCTCTCTGAAACCACCAAGC	ACAGAAATCAAAGACGGCCA
65	G8	CCTTGTTCGGTGGAGAAGAG	ACGGCAACTTCTAACAGCGT
66	G9	AACCAGTAGGAAAAGCCCGT	AGTCAATTGCTGGTGAAGCC
67	GAA1	TGGATGTTGTACTAAAGCCTCA	TCCTACCAAAATGCTGCTTC
68	GCC1	TAGACCAAAACCAGAGCAGC	TGCTCTCATTTCGTATGCAC
69	GTT1	CAAAAGCTCCCTAGGCTT	ACTAGCTCGCAGAGTAATCG
70	MS0303	GCCCTTGCCACAGAT	CGCTGATAAGTGGAGAAGAG
71	MS0402	CCACAACCCCAAAAACTT	CTTCAATGGCGGATATGA
72	S10	CGAGGGGTAAAACCAGACAA	GGTTCTGAAATTTGGGGGTT
73	S13	GCACTGCGTGTGCTGTGGTG	TGGTTGAAGACCCAAAACTA
74	S2	ACAGCAAGATCAGAGCCGTT	TGGACCCACCATTTACATCA
75	S7	CAC CCA GCC TAT CTC TCG AC	GTG GTG GGC AGTTTTAGG AA
76	S8	GCACGCCTCCCTTTGTCGCT	TGCAAGGGTACGGTTGCGGC
77	SB04	ACCGATCACCAATTCACCAT	GTTTTGTTTTGGGCGAAATG
78	SB06	AAATTTTCGCCACCACTGTC	ACCAAAGATCGAGCGAAGAA
79	SB07	TGTGGATGCGCTTTCTTTTC	ACTCCACCCATCCACATCAT
80	SB09	TGCATAAAACCCCCAACAAT	AGGGCAACTTTGTTTTGTGG
81	SB11	CGAGGGGTAAAACCAGACAA	GGTTCTGAAATTTGGGGGTT
82	SB13	ACAGCAAGATCAGAGCCGTT	TGGACCCACCATTTACATCA
83	SB15	CACCCAGCCTATCTCTCGAC	GTGGTGGGCAGTTTTAGGAA
84	SSD1	AGGCCTTGTTTCAGAGCAGA	AATACCAGCACCTCCACCAC
85	SSD13	TCCACCTCAACAACTCCCTC	AGTCGAAGAAAGGACCGTCA
86	SSD130	CTCAAACAAAGCTGCCCTTC	GAAGATTGGCAACAACCCAT
87	SSD15	GATCCGAGGAAACAAGGGAT	GCCACGACCAAAATCTCAGT
88	SSD20	CGAGGCTTTACTCACCAAGC	CAACCGTCACAAAAAGCAGA

（续）

序列号	引物名称	正向引物序列 (5′→3′)	反向引物序列 (5′→3′)
89	SSD21	ACTCTCTCTCCCCGCCTTT	TGATCAAGTGGTAAGCAGCG
90	SSD3	AACGACGTGGATGATGATGA	TCCTCTTCTCTCCTCCCTCC
91	SSD30	ACCACCACCGTTCTCACTTC	CCTCCACATCATCTTCAGCA
92	SSD43	TTAGGCCCTGCATTATTTCG	GATGGCAATCATCAAGTCCA
93	SSD44	CAATTCGACAACACCACACC	GGCAATGGAAGTCTTGAGGA
94	SSD49	TCTTGGACCCCATTTCTTTTT	TGAAGCCATGTTGTTGAAGC
95	SSD51	AGCCAAGCAAGTGCAGATTT	GGAAAACAGTGGGGTGAGAA
96	SSD6	GTTCGTTCTCCTGTGGCG	GTTGAGGCCATTGAAGAGGA
97	SSD61	AGCTTAACGAGGGGAAAAGG	GCTTAACGAGGCATTACTTTGA
98	SSD62	TGTGTTGGAACATGGCCTTA	CAAATGGTGTGTCGATGAGTTT
99	SSD63	CTTGTCGATGCATGGTTTCA	CCATCCGAATTCAGAGCATT
100	SSD65	TGGGTTCCAGTGTCCCTAAA	GCCTCCTACCCGAGACTTTT
101	SSD7	TCATTTTAACACTTCAATCATCCAA	CCGAGATCGAAACACTCTCC
102	SSD74	TCAACACCACTAGACCCAACA	GATGCTGGTGAAGATGCTGA
103	SSD77	CACTTGTGCAAAAATGGCAG	TTCTGATGCTAATTGGGAGGA
104	SSD9	AGGCGCAGCTTAAACCTTTC	TTAATGGCGAGAACCTGACC

D.6　不同 SSR 引物在染色体上的分布

染色体编号	引物名称
染色体 1	BI096078，Bvm2，BVV21，D，LNX54，LNX58，SSD108，SSD117，SSD148，SSD24，TC38，TC73，TC74，TC75，TC9
染色体 2	Bvml，G9，LNX103，LNX108，LNX42，LNX43，LNX46，LNX47，LNX50，LNX51，LNX98，SB09，SSD120，SSD132，SSD137，SSD142，SSD149，SSD29，SSD31，SSD55，SSD76，SSD87，TC10，TC11，TC12，TC49，TC50，TC51
染色体 3	C，GAA1，LNX32，LNX35，LNX38，MS0402，SSD106，SSD122，SSD135，SSD21，SSD64，SSD72，SSD74，TC16，TC17，TC18，TC8
染色体 4	DX580514，G1，G7，LNX102，LNX104，LNX107，LNX24，LNX27，LNX30，LNX94，LNX97，LNX99，SB06，SB07，SSD109，SSD116，SSD27，SSD36，SSD36，SSD36，SSD47，SSD53，SSD7，SSD7，SSD81，SSD90，TC130，TC131，TC132，TC28，TC28，TC28，TC29，TC29，TC29，TC30，TC30，TC7，TC79，TC8，TC80，TC81

（续）

染色体编号	引物名称
染色体5	521.6，BU089565，GCC1，LNX1，LNX2，LNX3，LNX40，LNX44，LNX48，LNX64，LNX67，LNX70，LNX85，LNX86，LNX88，LNX89，LNX91，LNX92，MS0331，SB04，SSD1，SSD11，SSD111，SSD114，SSD118，SSD121，SSD13，SSD141，SSD143，SSD30，SSD65，SSD8，TC148，TC64，TC65，TC66，TC9
染色体6	Bvm4，FDSB568，LNX100，LNX105，LNX15，LNX18，LNX21，LNX31，LNX34，LNX37，LNX4，LNX5，LNX53，LNX54，LNX6，LNX73，LNX77，LNX77，LNX81，LNX89，LNX95，S13，SSD144，SSD145，SSD79，TC109，TC110，TC111，TC112，TC113，TC114，TC115，TC116，TC117，TC52，TC67，TC68，TC69，TC88，TC90，TC97，TC98，TC99
染色体7	Bmb6，BvATT2，FDSB1011，FDSB1250，FDSB990，G5，LNX13，LNX16，LNX19，LNX55，LNX59，LNX60，LNX63，LNX64，LNX67，LNX70，LNX74，LNX78，LNX82，LNX87，LNX90，LNX93，SSD112，SSD139，SSD150，SSD36，SSD5，SSD51，SSD73，TC28，TC29，TC30，TC7，TC8，TC9
染色体8	BQ487642，BQ590934，BvTAC1，G3，G4，G8，LNX53，LNX57，LNX61，SSD10，SSD104，SSD125，SSD15，SSD32，SSD49，SSD50，SSD54，SSD86，SSD98，SSD98，TC29，TC46，TC47，TC48
染色体9	Bvm3，FDSB1001，FDSB1427，G10，LNX11，MS0246，SSD123，SSD128，SSD130，SSD139，SSD146，SSD3，SSD43，SSD44，SSD46，SSD56，TC1，TC127，TC128，TC129，TC133，TC134，TC135，TC147，TC2，TC3，TC91，TC92，TC93

D. 7　CDDP 引物序列

基因家族	基因功能	引物名称	引物序列（5′→3′）
WRKY	调节植物生长发育及许多生理过程的转录因子	WRKY-F1	TGGCGSAAGTACGGCCAG
		WRKY-R1	GTGGTTGTGCTTGCC
		WRKY-R2	GCCCTCGTASGTSGT
		WRKY-R3	GCASGTGTGCTCGCC
		WRKY-R2B	TGSTGSATGCTCCCG
		WRKY-R3B	CCGCTCGTGTGSACG

（续）

基因家族	基因功能	引物名称	引物序列（5′→3′）
MYB	参与类黄酮及花青素等植物色素的生物合成与代谢等许多生物学过程	MYB1	GGCAAGGGCTGCCGC
		MYB2	GGCAAGGGCTGCCGG
ERF	参与植物抗病途径的 ERF 转录因子	ERF1	CACTACCGCGGSCTSCG
		ERF2	GCSGAGATCCGSGACCC
		ERF3	TGGCTSGGCACSTTCGA
EKNOX	其表达模式对花的发育具有调节作用	KNOX-1	AAGGGSAAGCTSCCSAAG
		KNOX-2	CACTGGTGGGAGCTSCAC
		KNOX-3	AAGCGSCACTGGAAGCC
MADS	主要控制花器官生成及发育	MADS-1	ATGGGCCGSGGCAAGGTGC
		MADS-2	ATGGGCCGSGGCAAGGTGG
		MADS-3	CTSTGCGACCGSGAGGTC
		MADS-4	CTSTGCGACCGSGAGGTG
ABP1	ABP1 生长素结合蛋白	ABP1-1	ACSCCSATCCACCGC
		ABP1-2	ACSCCSATCCACCGG
		ABP1-3	CACGAGGACCTSCAGG
CHS	查尔酮合成酶	CHS1	TTTGGTGACGGTGCGG
		CHS2	TGGGGCCAACCCAAGTC
ANS	花青素合成酶	ANS1	GGCCTGCAGCTCTTCT
		ANS2	GCGTCCCCAACTCGATC
DFR	二氢黄酮醇-4-还原酶	DFR1	GATCCTGCCTGAGCAAGG
CHI	查尔酮异构酶	CHI1	GCCGTTGGAGCTACAC
		CHI2	CCCACCTGGTTCTTC
F3H	黄烷酮-3-羟化酶	F3H1	GGGAGAAGCTGTGCG
		F3H2	GGTGGCCGGATAAGCCGG
		F3H3	GGGGTGGAAGCGAGTAACG
F3′H	黄烷酮-3′-羟化酶	F3′H1	GGTGGTGGAGGTGATGG
		F3′H2	ATGGAGAGGGTGGGA
		F3′H3	CGGCAGGGACTGACAC
		F3′H4	GCCCAAGCCCAASAAG

参 考 文 献

常宏，王汉宁，张金文，等，2010. 玉米品种真实性和纯度鉴定的 SSR 标记多重 PCR 体系优化 [J]. 草业学报，19 (2)：204-211.

陈碧云，张冬晓，伍晓明，等，2007. 89 份油菜区试品种的 AFLP 指纹图谱分析 [J]. 中国油料作物学报，29 (2)：115-120.

陈超，张宇君，赵丽丽，等，2017. 高粱属牧草分子指纹图谱构建及遗传聚类分析 [J]. 西南农业学报，30 (10)：2191-2195.

陈杰，杨静，郭鸿雁，等，2012. DNA 分子标记技术在烟草遗传育种中的应用 [J]. 中国农学通报，28 (7)：95-99.

程保山，万志兵，洪德林，2007. 35 个粳稻品种 SSR 指纹图谱的构建及遗传相似性分析 [J]. 南京农业大学学报，30 (3)：1-8.

程道军，曾华明，2000. RFLP 技术构建家蚕现行品种 DNA 指纹图谱的研究 [J]. 西南农业大学学报，22 (6)：484-486.

戴剑，2011. 杂交稻亲本 SSR 指纹图谱构建及两系杂交稻和大青棵鉴定的研究 [D]. 南京：南京农业大学.

戴剑，李华勇，丁奎敏，等，2007. 植物新品种 DUS 测试技术的现状与展望 [J]. 种子，26 (9)：44-47.

旦巴，何燕，卓嘎，等，2011. SDS 法和 CTAB 法提取西藏黄籽油菜干种子 DNA 用于 SSR 分析 [J]. 西藏科技 (8)：9-11.

邓俭英，刘忠，康德贤，等，2005. RFLP 分子标记及其在蔬菜研究中的应用 [J]. 分子植物育种，3 (2)：245-248.

丁奎敏，沈奇，2009. 棉花新品种 DUS 测试方法与建议 [J]. 河北农业科学，13 (10)：159-160.

丁锐，李利华，2006. 利用 EST 同工酶谱鉴定黑稻品种纯度的研究 [J]. 种子，25 (4)：21-22.

段艳凤，刘杰，卞春松，等，2009. 中国 88 个马铃薯审定品种 SSR 指纹图谱构建与遗传多样性分析 [J]. 作物学报，35 (8)：1451-1457.

方宣钧，刘思衡，江树业，2000. 品种纯度和真伪的 DNA 分子标记鉴定及其应用 [J]. 农业生物技术学报，8 (2)：106-110.

方彦，杨刚，孙万仓，等，2015. 北方地区白菜型冬油菜与春油菜的 SSR 和 InDel 遗传多样性分析 [J]. 中国油料作物学报，37 (1)：21-26.

房海灵，聂铧，卢艳花，等，2014. 广东紫珠 ISSR-PCR 反应体系建立及引物筛选 [J].
　中国农学通报，30（16）：164-169.

冯博，许理文，王凤格，等，2017. 玉米 InDel 标记 20 重 PCR 检测体系的建立 [J]. 作
　物学报，43（8）：1139-1148.

冯芳君 . 2006. SSR 和 InDel 标记在水稻籼粳亚种分化与杂种纯度鉴定中的应用 [D]. 武
　汉：华中农业大学 .

冯芳君，罗利军，李荧，等，2005. 水稻 InDel 和 SSR 标记多态性的比较分析 [J]. 分子
　植物育种，3（5）：725-730.

符德欢，朱高倩，郭佳玉，等，2017. 改良 CTAB 法提取重楼属 3 种药用植物干燥根茎
　DNA [J]. 中药材（6）：1295-1299.

付增娟，史树德，张少英，等，2008. 甜菜 ISSR-PCR 反应体系的优化 [J]. 中国糖料
　（4）：7-9.

高恒锦，王小柯，张琰，等，2016. 26 份椪柑资源遗传多样性分析 [J]. 中国南方果树，
　45（4）：11-17.

高建明，罗峰，裴忠有，等，2010. 甜高粱重要种质材料的 SRAP 指纹分析 [J]. 华北农
　学报，25（2）：93-98.

高居荣，王洪刚，刘树兵，等，2003. 小麦种子醇溶蛋白聚丙烯酰胺凝胶电泳技术的简
　化研究 [J]. 华北农学报，18（2）：43-46.

高文伟，李晓辉，田清震，等，2004. 利用 SSR 标记快速鉴定玉米杂交种农大 108 和豫
　玉 27 的种子纯度 [J]. 种子，23（5）：32-33.

葛亚英，张飞，沈晓岚，等，2012. 丽穗凤梨 ISSR 遗传多样性分析与指纹图谱构建 [J].
　中国农业科学，45（4）：726-733.

桂君梅，王林友，范小娟，等，2016. 基于 InDel 分子标记的籼粳杂交稻与粳粳杂交稻的
　杂种优势比较研究 [J]. 中国农业科学，49（2）：219-231.

郭景伦，赵久然，王凤格，2005. 适用于 SSR 分子标记的玉米单粒种子 DNA 快速提取新
　方法 [J]. 玉米科学，13（2）：16-17.

郭景伦，赵久然，尉德铭，等，1997. 玉米单粒种子 DNA 提取新方法 [J]. 北京农业科
　学（2）：2-3.

郭景伦，赵久然，辛景树，等，2005. 玉米单株幼芽 DNA 快速提取新方法 [J]. 华北农
　学报，20（1）：38-40.

郭旺珍，张天真，潘家驹，等，1996. 我国棉花主栽品种的 RAPD 指纹图谱研究 [J].
　农业生物技术学报，4（2）：129-134.

韩学军，2015. 1294 份尿液培养及药敏试验结果分析 [J]. 现代预防医学，42（18）：
　3440-3442.

贺功振，唐东芹，史益敏，等，2017. 基于 RAPD 的风信子遗传多样性分析 [J]. 上海

交通大学学报（农业科学版），35（2）：13-18.

胡根海，喻树迅．2007. 利用改良的 CTAB 法提取棉花叶片总 RNA [J]. 棉花学报，19
（1）：69-70.

胡裕清，赵树进．2010. RAPD 技术及其在植物研究中的应用 [J]. 生物技术通报（5）：
74-77.

黄东亮，覃肖良，廖青，等，2010. 高质量甘蔗基因组 DNA 的简便快速提取方法研究
[J]. 生物技术通报（5）：101-106.

黄海燕，杜红岩，乌云塔娜，等，2013. 基于杜仲转录组序列的 SSR 分子标记的开发
[J]. 林业科学，49（5）：176-181.

黄进勇，盖树鹏，张恩盈，等，2009. SRAP 构建玉米杂交种指纹图谱的研究 [J]. 中国
农学通报，25（18）：47-51.

贾继增，1996. 分子标记种质资源鉴定和分子标记育种 [J]. 中国农业科学，29（4）：
1-10.

贾希海，李仁凤，何晓艳，等，1992. 玉米品种酯酶同工酶酶谱纯度与田间品种纯度的
相关研究 [J]. 种子，245（1）：5-7.

姜丽红，邹湘武，宁涤非，等，2012. 台湾乳白蚁线粒体 DNA 提取及其 RFLP 的指纹图
谱初建．全国白蚁防治工作会议暨白蚁防治标准化技术委员会年会论文集．

姜童，王辉，陈宁，等，2018. 利用 InDel 指纹图谱评价鲁西南地区簇生朝天椒品种的相
似度 [J]. 华北农学，33（2）：126-132.

金伟栋，李娜，洪德林，2007. 粳稻品种间种子贮藏蛋白多态性分析 [J]. 南京农业大学
学报，30（1）：7-13.

孔祥彬，张春庆，许子锋，2005. DNA 指纹图谱技术在作物品种（系）鉴定与纯度分析
中的应用 [J]. 生物技术，15（4）：74-77.

匡猛，2016. 基于 SSR 与 SNP 标记的棉花品种鉴定与指纹库构建研究 [D]. 保定：河北
农业大学．

匡猛，杨伟华，许红霞，等，2011. 中国棉花主栽品种 DNA 指纹图谱构建及 SSR 标记遗
传多样性分析 [J]. 中国农业科学，44（1）：20-27.

腊萍，罗淑萍，章建新，等，2006. 甜菜总 DNA 不同提取方法的研究 [J]. 新疆农业大
学学报，29（2）：43-46.

腊萍，罗淑萍，章建新，等，2010. 甜菜 RAPD 反应体系优化及亲缘关系研究 [J]. 新
疆农业大学学报，33（1）：1-6.

兰青阔，张桂华，王永，等，2012. 基于 SNP 标记的黄瓜杂交种纯度鉴定方法 [J]. 中
国蔬菜，1（6）：58-63.

郎需勇，刘伟霞，杨亮，等，2014. 一种快速提取棉花干种子基因组 DNA 的新方法
[J]. 棉花学报，26（1）：87-94.

李大伟，于嘉林，韩成贵，等，1999. 中国甜菜坏死黄脉病毒 RNA5 的检测及其核苷酸序列分析［J］. 生物工程学报，15（4）：461-465.

李根英，Dreisigacker S，L. Warburton M，等，2006. 小麦指纹图谱数据库的建立及 SSR 分子标记试剂盒的研发［J］. 作物学报，32（12）：1771-1778.

李海渤，杨军，吕泽文，等，2010. 甘蓝型油菜 SSR 核心引物研究［J］. 中国油料作物学报，32（3）：329-336.

李建军，肖层林，刘志坚，等，2007. 陆两优 996 种子纯度的 SRAP 指纹图谱鉴定［J］. 中国农学通报，23（6）：112-114.

李兰芬，2006. 玉米新品种 DUS 测试及数量性状一致性评价［J］. 黑龙江农业科学（4）：78-80.

李欧静，张桂华，兰青阔，等，2012. 基于 SNP 标记的种子纯度高效检测分析模型的建立［J］. 湖南农业科学（19）：9-11.

李强，揭琴，刘庆昌，等，2007. 甘薯基因组 DNA 高效快速提取方法［J］. 分子植物育种，5（5）：743-746.

李强，马代夫，李洪民，等，2005. 甘薯 DUS 测试标准制定及新品种保护［J］. 杂粮作物，25（1）：24-26.

李双铃，任艳，陶海腾，等，2006. 山东花生主栽品种 AFLP 指纹图谱的构建［J］. 花生学报，35（1）：18-21.

李韬，2006. AFLP 标记技术的发展和完善［J］. 生物工程学报，22（5）：861-865.

李祥羽，2009. 玉米新品种 DUS 测试中数量性状的适宜样本容量研究［J］. 中国农学通报，25（8）：150-153.

李晓辉，李新海，李文华，等，2003. SSR 标记技术在玉米杂交种子纯度测定中的应用［J］. 作物学报（1）：63-68.

李晓辉，李新海，张世煌，2003. 植物新品种保护与 DUS 测试技术［J］. 中国农业科学，36（11）：1419-1422.

李亚利，扈新民，赵丹，等，2010. 运用 SRAP 分子标记鉴定辣椒杂交种纯度［J］. 中国农学通报，26（24）：67-70.

李严，张春庆，2005. 新型分子标记-SRAP 技术体系优化及应用前景分析［J］. 中国农学通报，21（5）：108-112.

李彦丽，柏章才，马亚怀，2010. 丰产优质抗病甜菜新品种 ZM202 的选育［J］. 中国糖料（3）：6-8.

梁宏伟，王长忠，李忠，等，2008. 聚丙烯酰胺凝胶快速、高效银染方法的建立［J］. 遗传，30（10）：1379-1382.

刘本英，王丽鸳，周健，等，2008. 云南大叶种茶树种质资源 ISSR 指纹图谱构建及遗传多样性分析［J］. 植物遗传资源学报，9（4）：458-464.

刘峰，冯雪梅，钟文，等，2009. 适合棉花品种鉴定的 SSR 核心引物的筛选 [J]. 分子植物育种，7（6）：1160-1168.

刘华君，聂志勇，林明，等，2017. 利用 ISSR 标记分析 20 份甜菜品种的遗传多样性 [J]. 中国糖料，39（3）：1-4.

刘焕霞，赵图强，王维成，等，2006. 甜菜新品种新甜 16 号的选育 [J]. 中国糖料（3）：29-31.

刘焕霞，赵图强，王维成，等，2007. 甜菜新品种新甜 17 号的选育 [J]. 中国甜菜糖业（3）：8-10.

刘敏轩，王赞文，阎建锋，2006. 利用超薄层等电聚焦电泳技术对燕麦种子进行蛋白多态性和品种鉴定方法的研究 [J]. 现代农业科技（3）：22-24.

刘巧红，程大友，杨林，等，2012. 甜菜品种（系）的 ISSR 标记数字指纹图谱构建及聚类分析（英文）[J]. 农业工程学报（S2）：280-284.

刘威生，冯晨静，杨建民，等，2005. 杏 ISSR 反应体系的优化和指纹图谱的构建 [J]. 果树学报（6）：30-33.

刘之熙，陈祖武，朱克永，等，2008. 利用 SSR 分子标记快速鉴定杂交水稻种子纯度技术体系的优化 [J]. 杂交水稻，23（1）：60-63.

柳李旺，龚义勤，雷春，等，2003. 辣椒 F1 杂种遗传纯度的种子蛋白、同工酶与 RAPD 鉴定 [J]. 分子植物育种，1（5）：663-667.

卢玉飞，蒋建雄，易自力，2012. 玉米 SSR 引物和甘蔗 EST-SSR 引物在芒属中的通用性研究 [J]. 草业学报，21（5）：86-95.

路运才，王华忠，2006. 我国甜菜多倍体品种的 RAPD 分析 [J]. 中国糖料（3）：5-8.

路运才，王华忠，2000. RAPD 分子标记技术及其在甜菜上的研究进展 [J]. 中国糖料（3）：45-48.

栾雨时，苏乔，李海涛，等，1998. 利用 RAPD 技术快速鉴定番茄杂种纯度 [J]. 园艺学报（3）：40-44.

罗冉，吴委林，张旸，等，2010. SSR 分子标记在作物遗传育种中的应用 [J]. 基因组学与应用生物学，29（1）：137-143.

律文堂，尹静静，刘蓬，等，2017. 莲藕品种资源 InDel 指纹图谱的构建 [J]. 长江蔬菜（18）：94-96.

马雪霞，王凯，郭旺珍，等，2007. 棉花 SSR 多重 PCR 技术的初步研究和利用 [J]. 分子植物育种（5）：648-654.

马亚怀，李彦丽，柏章才，等，2002. 优质丰产抗病甜菜新品种 ZD204 的选育 [J]. 中国糖料（4）：9-12.

马亚怀，李彦丽，柏章才，等，2006. 优质丰产抗病甜菜新品种 ZD210 的选育 [J]. 中国糖料（4）：24-26.

马亚怀，邱军，陈连江，等，2013. 我国甜菜品种引进工作的现状与分析 [J]. 中国糖料
　　(1)：72-75.

梅德圣，李云昌，胡琼，等，2006. 甘蓝型油菜中油杂 8 号种子纯度的 SSR 鉴定 [J].
　　中国农学通报 (5)：49-52.

缪恒彬，陈发棣，赵宏波，等，2008. 应用 ISSR 对 25 个小菊品种进行遗传多样性分析及
　　指纹图谱构建 [J]. 中国农业科学 (11)：3735-3740.

聂琼，刘仁祥，梁微，2010. 用 ISSR 标记构建烟草核心种质的指纹图谱 [J]. 西南农业
　　学报，23 (2)：335-339.

牛福肉，李满亮，焦纯红，等，2003. 愈创木酚测定大豆种子纯度的试验与应用 [J]. 种
　　子科技 (1)：44-45.

牛泽如，杨文柱，庞磊，等，2010. 基于 ISSR 和 AFLP 标记开发甜菜 SSR 引物 [J]. 中
　　国农学通报，26 (21)：147-151.

欧阳新星，许勇，张海英，等，1999. 应用 RAPD 技术快速进行西瓜杂交种纯度鉴定的
　　研究 [J]. 农业生物技术学报 (1)：23-27.

彭汝生，徐明洲，2004. 对愈创木酚反应法鉴别新陈稻谷试验的改进 [J]. 粮食流通技术
　　(3)：36-37.

祁伟，2008. 应用 ISSR 与 SRAP 分子标记绘制红麻与蓖麻 DNA 指纹图谱 [D]. 福州：
　　福建农林大学.

秦智锋，吕建强，肖性龙，等，2006. 禽流感 H5、H7、H9 亚型多重实时荧光 RT-PCR
　　检测方法的建立 [J]. 病毒学报，22 (2)：131-136.

沙红，王燕飞，曲延英，等，2005. 一种适于甜菜 RAPD 分析的 DNA 快速提取方法 [J].
　　新疆农业科学，42 (3)：162-164.

单志，吴宏亮，李成磊，等，2011. 改良 SDS 法提取多种植物基因组 DNA 研究 [J]. 广
　　东农业科学，38 (8)：113-115.

史树德，魏磊，张子义，等，2011. 甜菜 EST-SSR 引物的开发与应用 [J]. 中国糖料
　　(3)：1-5.

宋国立，崔荣霞，王坤波，等，1998. 改良 CTAB 法快速提取棉花 DNA [J]. 棉花学报
　　(5)：273-275.

宋海斌，崔喜波，马鸿艳，等，2012. 基于 SSR 标记的甜瓜品种（系）DNA 指纹图谱库
　　的构建 [J]. 中国农业科学，45 (13)：2676-2689.

孙利萍，贾芝琪，胡建斌，等，2012. 碱裂解法快速提取番茄 DNA 的研究 [J]. 河南农
　　业大学学报，46 (2)：136-138.

孙敏，乔爱民，王和勇，等，2003. 黄瓜杂交种子纯度的 RAPD 鉴定 [J]. 西南师范大
　　学学报（自然科学版），28 (1)：103-107.

孙秀峰，陈振德，李德全，2005. 分子标记及其在蔬菜遗传育种中的应用 [J]. 山东农业

大学学报（自然科学版），36（2）：317-321.

谭君，杨俊品，2009. 玉米种子 DNA 快速提取及杂交种纯度的快速鉴定［J］. 分子植物育种，7（4）：811-816.

田雷，曹鸣庆，王辉，等，2001. AFLP 标记技术在鉴定甘蓝种子真实性及品种纯度中的应用［J］. 生物技术通报（3）：38-40.

田清震，盖钧镒，喻德跃，等，2001. 我国野生大豆与栽培大豆 AFLP 指纹图谱研究［J］. 中国农业科学，34（5）：480-485.

田再民，龚学臣，季伟，2009. 小麦 DNA 提取方法的比较［J］. 河北北方学院学报（自然科学版），25（4）：22-25.

汪斌，祁伟，兰涛，等，2011. 应用 ISSR 分子标记绘制红麻种质资源 DNA 指纹图谱［J］. 作物学报，37（6）：1116-1123.

王从彦，李晓慧，胡小丽，等，2008. SRAP 技术在西瓜种子纯度鉴定中的应用［J］. 河南农业大学学报（5）：491-495.

王大莉，2012. 香菇栽培品种 SNP 指纹图谱库的构建［D］. 武汉：华中农业大学.

王芳，2008. 种子纯度鉴定方法及其评述［J］. 中国种业（10）：62-63.

王凤格，赵久然，郭景伦，等，2004. 一种改进的玉米 SSR 标记的 PAGE/快速银染检测新方法［J］. 农业生物技术学报，12（5）：606-607.

王凤格，赵久然，佘花娣，等，2003. 中国玉米新品种 DNA 指纹库建立系列研究 Ⅲ. 多重 PCR 技术在玉米 SSR 引物扩增中的应用［J］. 玉米科学（4）：3-6.

王凤格，赵久然，王璐，等，2007. 适于玉米杂交种纯度鉴定的 SSR 核心引物的确定［J］. 农业生物技术学报（6）：964-969.

王桂艳，鞠平，2001. 我国甜菜制糖工业五十年回眸［J］. 中国甜菜糖业（2）：28-30.

王红意，翟红，王玉萍，等，2009. 30 个中国甘薯主栽品种的 RAPD 指纹图谱构建及遗传变异分析［J］. 分子植物育种，7（5）：879-884.

王华忠，吴则东，韩英，等，2007. 甜菜 SRAP-PCR 反应体系的优化［J］. 中国糖料（2）：1-4.

王华忠，吴则东，王晓武，等，2008. 利用 SRAP 与 SSR 标记分析不同类型甜菜的遗传多样性［J］. 作物学报，34（1）：37-46.

王茂芊，李博，王华忠，2014. 甜菜遗传连锁图谱初步构建［J］. 作物学报，40（2）：222-230.

王茂芊，吴则东，陈丽，等，2010. 利用 SRAP 分析东北地区甜菜品系遗传多样性［J］. 中国糖料（2）：4-8.

王茂芊，吴则东，王华忠，2011. 利用 SRAP 标记分析我国甜菜三大产区骨干材料的遗传多样性［J］. 作物学报，37（5）：811-819.

王青山，李葱葱，王晶，等，2005. AFLP 分子标记技术及应用研究进展［J］. 吉林农业科学，30（6）：29-33.

王庆彪，张扬勇，庄木，等，2014. 中国 50 个甘蓝代表品种 EST-SSR 指纹图谱的构建
［J］. 中国农业科学，47（1）：111-121.

王维成，胡华兵，李蔚农，2010. 新疆甜菜发展历程的回顾与展望［J］. 中国糖料（4）：
69-71.

王希，陈丽，赵春雷，等，2015. 不同方法对甜菜叶片基因组 DNA 提取效果比较与适用
性探讨［J］. 中国糖料，37（5）：3-6.

王希，陈丽，赵春雷，等，2016. 不同方法对甜菜不同组织中总 DNA 的提取效果［J］.
中国糖料，38（4）：6-9.

王玉兰，2008. 不同小麦品种对苯酚测纯的染色反应比较［J］. 河南农业（15）：45.

王掌军，王建设，刘玲，等，2006. 直接扩增甜瓜小卫星 DNA 指纹图谱［J］. 华北农学
报，21（3）：77-80.

王掌军，王建设，刘生祥，等，2006. 甜瓜 DAMD 反应体系优化及指纹图谱分析［J］.
农业科学研究，27（2）：9-14.

王祖霖，1989. 过去的甜菜制糖工业［J］. 甜菜糖业（5）：35-49.

文雁成，王汉中，沈金雄，等，2006. SRAP 和 SSR 标记构建的甘蓝型油菜品种指纹图
谱比较［J］. 中国油料作物学报（3）：233-239.

吴迷，汪念，沈超，等，2019. 基于重测序的陆地棉 InDel 标记开发与评价［J］. 作物学
报，45（2）：196-203.

吴敏生，戴景瑞，王守才，1999. RAPD 在玉米品种鉴定和纯度分析中的应用［J］. 作物
学报，25（4）：489-493.

吴岐奎，邢世岩，王萱，等，2015. 核用银杏品种遗传关系的 AFLP 分析［J］. 园艺学
报，42（5）：961-968.

吴渝生，杨文鹏，郑用琏，2003. 3 个玉米杂交种和亲本 SSR 指纹图谱的构建［J］. 作物
学报，29（4）：496-500.

吴则东，马龙彪，胡珅，等，2013. 国产糖甜菜品种 SSR 指纹图谱的构建［J］. 中国农
学通报，29（28）：91-95.

吴则东，倪洪涛，王茂芊，等，2015. 适合于甜菜品种鉴定的 ISSR 核心引物的筛选［J］.
中国农学通报，31（17）：48-52.

吴则东，王华忠，韩英，2008. 甜菜 SSR-PCR 反应体系的优化［J］. 中国糖料（1）：
11-13.

吴则东，王华忠，韩英，2010. 种子纯度鉴定的常用方法及其在甜菜上的应用展望［J］.
中国糖料（1）：59-61.

吴则东，王华忠，马龙彪，等，2013. 11 个德国甜菜品种指纹图谱的构建［J］. 中国糖
料（3）：8-9.

吴则东，王华忠，倪洪涛，2013. 不同碱裂解法快速提取甜菜大群体 DNA 的研究 [J]. 中国糖料 (3)：32-34.

吴则东，王华忠，王茂芊，2014. 甜菜干种子 DNA 提取的不同方法比较 [J]. 中国糖料 (1)：21-23.

吴则东，王茂芊，马龙彪，等，2015. 适于甜菜品种鉴定的 SSR 核心引物的筛选 [J]. 中国农学通报，31 (15)：165-169.

吴则东，邹兰兰，刘乃新，等，2016. 甜菜 EST-SSR 引物的快速筛选 [J]. 中国农学通报，32 (36)：104-108.

武耀廷，张天真，郭旺珍，等，2001. 陆地棉品种 SSR 标记的多态性及用于杂交种纯度检测的研究 [J]. 棉花学报 (3)：131-133.

肖小余，王玉平，张建勇，等，2006. 四川省主要杂交稻亲本的 SSR 多态性分析和指纹图谱的构建与应用 [J]. 中国水稻科学，20 (1)：1-7.

辛业芸，张展，熊易平，等，2005. 应用 SSR 分子标记鉴定超级杂交水稻组合及其纯度 [J]. 中国水稻科学，19 (2)：95-100.

兴旺，童乐怡，孙燕红，等，2017. 甜菜 DAMD-PCR 体系的建立及优化 [J]. 中国农学通报 (23)：6-9.

熊利荣，郑宇，2010. 基于形态学的稻谷种子品种识别 [J]. 粮油加工 (6)：45-48.

徐鹏，蔡继鸿，杨阳，等，2016. 陆地棉耐盐相关 EST-SSR 以及 EST-InDel 分子标记的开发 [J]. 棉花学报，28 (1)：65-74.

徐雯，瞿印权，张玲玲，等，2017. 基于 RAPD 的福建产南方红豆杉遗传多样性研究 [J]. 中草药，48 (14)：2943-2949.

徐振江，刘洪，李春兰，等，2008. 水稻新品种 DUS 测试数量性状特异性统计分析判别研究 [J]. 华南农业大学学报，29 (1)：6-9.

徐振江，刘洪，饶得花，等，2013. 水稻 DUS 测试新品种品质性状的差异性分析及应用 [J]. 华南农业大学学报，34 (2)：1-5.

许一平，成炜，邵彦春，等，2006. 沙门菌、大肠杆菌和金黄色葡萄球菌的多重 PCR 检测 [J]. 微生物学通报 (6)：89-94.

许云华，沈洁，2003. DNA 分子标记技术及其原理 [J]. 连云港师范高等专科学校学报 (3)：78-82.

闫庆祥，黄东益，李开绵，等，2010. 利用改良 CTAB 法提取木薯基因组 DNA [J]. 中国农学通报，26 (4)：30-32.

颜廷进，李群，公茂洪，1999. 作物种子纯度鉴定技术的研究现状 [J]. 种子世界 (3)：16-17.

杨飞，张敏，彭兴扬，等，2007. 金银花五个品系的 RAPD 分析及 DNA 指纹图谱的建立 [J]. 武汉植物学研究，25 (3)：235-238.

杨通银，罗长安，朱丽萍，2004. 黄白配玉米品种纯度形态学组合鉴定技术 [J]. 种子科技，22（6）：350-351.

翟文强，田清震，贾继增，等，2002. 哈密瓜杂交种纯度的 AFLP 指纹鉴定 [J]. 园艺学报，29（6）：587-586.

张春庆，尹燕枰，高荣岐，等，1998. 棉花种子蛋白多态性与品种鉴定方法的研究 [J]. 中国农业科学，31（4）：16-19.

张福顺，王凤山，2001. 甜菜 DNA 提取新方法初探 [J]. 中国糖料 (1)：18-19.

张晗，沙伟，2003. RAPD 技术在遗传多样性研究中的应用 [J]. 贵州科学 (3)：81-85.

张慧，2010. 大白菜细胞核雄性不育基因的分子标记及定位 [D]. 北京：中国农业科学院.

张金霞，黄晨阳，管桂萍，等，2007. 白黄侧耳 *Pleurotus cornucopiae* 微卫星间区（IS-SR）分析 [J]. 菌物学报，26（1）：115-121.

张明永，孙彩云，梁承邺，2000. 一步法提取植物 DNA 用于大规模 RAPD 分析 [J]. 遗传，22（2）：106.

张万菊，何静，管文采，等，2011. 多重 PCR 检测方法和液态芯片技术在呼吸道病毒检测中的应用研究 [J]. 中华实验和临床病毒学杂志，28（4）：302-304.

张肖娟，孙振元，2011. 植物新品种保护与 DUS 测试的发展现状 [J]. 林业科学研究，24（2）：247-252.

张晓科，2007. 中国小麦矮秆基因和春化基因分布及小麦品质相关性状多重 PCR 体系建立 [D]. 北京：中国农业科学院.

张晓科，夏先春，王忠伟，等，2007. 小麦品质性状分子标记多重 PCR 体系的建立 [J]. 作物学报，33（10）：1703-1710.

张义君，周琦霞，1987. 苯酚染色法鉴定小麦品种纯度的研究 [J]. 种子 (5)：22-24.

赵久然，王凤格，郭景伦，等，2003. 中国玉米新品种 DNA 指纹库建立系列研究 Ⅱ. 适于玉米自交系和杂交种指纹图谱绘制的 SSR 核心引物的确定 [J]. 玉米科学，11（2）：3-5.

赵丽萍，柳李旺，龚义勤，等，2007. 萝卜品种指纹图谱 SRAP 与 AFLP 分析 [J]. 植物研究，27（6）：687-693.

赵伟，邵景侠，张改生，2007. 麦醇溶蛋白电泳技术在杂交小麦种子纯度鉴定中的应用 [J]. 麦类作物学报，154（2）：223-225.

赵卫国，苗雪霞，臧波，等，2006. 中国桑树选育品种 ISSR 指纹图谱的构建及遗传多样性分析（英文）[J]. 遗传学报，33（9）：851-860.

赵耀，刘康，李仕钦，等，2011. 种子质量检测工作的思考与体会 [J]. 中国种业，194（6）：42-43.

赵永国，郭瑞星，罗丽霞，2013. 油莎豆 SRAP 指纹图谱构建及遗传多样性分析 [J]. 植物遗传资源学报，14（2）：222-225.

郑文寅，朱宗河，姚大年，等，2007. 蛋白质电泳技术及在杂交油菜种子纯度鉴定中的应用［J］. 安徽农业科学（36）：11768-11769.

朱飞雪，杜建材，王照兰，等，2007. 五种不同苜蓿的种子蛋白指纹图谱研究［J］. 中国草地学报，158（5）：1-7.

庄杰云，施勇烽，应杰政，等，2006. 中国主栽水稻品种微卫星标记数据库的初步构建［J］. 中国水稻科学，20（5）：460-468.

Bakooie M, Pourjam E, Mahmoudi SB, et al, 2018. Development of an SNP marker for sugar beet resistance/susceptible genotyping to root-knot nematode ［J］. Journal of Agricultural Science & Technology, 17（2）：443-454.

Barzen E, Mechelke W, Ritter E, et al, 1995. An extended map of the sugar beet genome containing RFLP and RAPD loci ［J］. Theoretical & Applied Genetics, 90（2）：189-193.

Barzen E, Mechelke W, Ritter E, et al, 2005. RFLP markers for sugar beet breeding: chromosomal linkage maps and location of major genes for rhizomania resistance, monogermy and hypocotyl colour ［J］. The Plant Journal, 2（4）：601-611.

Bebeli PJ, Zhou Z, Somers DJ, et al, 1997. PCR primed with minisatellite core sequences yields DNA fingerprinting probes in wheat ［J］. Theoretical and Applied Genetics, 95（1）：276-283.

Chamberlain JS, Gibbs RA, Rainer JE, et al, 1988. Deletion screening of the Duchenne muscular dystrophy locus via multiplex DNA amplification ［J］. Nucleic acids research, 16（23）：11141-11156.

Cureton A, Burns M, Fordlloyd B, et al, 2002. Development of simple sequence repeat （SSR) markers for the assessment of gene flow between sea beet (*Beta vulgaris* ssp. *maritima*) populations ［J］. Molecular Ecology Notes, 2（4）：402-403.

Desplanque B, Boudry P, Broomberg K, et al, 1999. Genetic diversity and gene flow between wild, cultivated and weedy forms of *Beta vulgaris* L. (Chenopodiaceae), assessed by RFLP and microsatellite markers ［J］. TAG Theoretical and Applied Genetics, 98（8）：1194-1201.

Draycott P, 2006. Sugar beet ［M］. World Agriculture Series: Blackwell Pub.

Gaafar RM, Jung C, Hohmann U, et al, 2004. Fine mapping of the bolting gene of sugar beet using BAC-derived SNP markers ［C］. 17th Eucarpia General Congress.

Gidner S, Lennefors BL, Nilsson NO, et al, 2005. QTL mapping of BNYVV resistance from the WB41 source in sugar beet ［J］. Genome, 48（2）：279-285.

Grimmer M, Bean KM, Asher MJ, 2007. Mapping of five resistance genes to sugar-beet powdery mildew using AFLP and anchored SNP markers [J]. Theoretical and Applied Genetics, 115 (1): 67-75.

Grimmer M, Trybush S, Hanley S, et al, 2007. An anchored linkage map for sugar beet based on AFLP, SNP and RAPD markers and QTL mapping of a new source of resistance to Beet necrotic yellow vein virus [J]. Theoretical and Applied Genetics, 114 (7): 1151-1160.

Grimmer MK, Trybush S, Hanley S, et al, 2007. An anchored linkage map for sugar beet based on AFLP, SNP and RAPD markers and QTL mapping of a new source of resistance to Beet necrotic yellow vein virus [J]. TAG, 114 (7): 1151-1160.

Gupta P, Rustgi S, Sharma S, et al, 2003. Transferable EST-SSR markers for the study of polymorphism and genetic diversity in bread wheat [J]. Molecular Genetics and Genomics, 270 (4): 315-323.

Halldén C, Hjerdin A, Rading I, et al, 1996. A high density RFLP linkage map of sugar beet [J]. Genome, 39 (4): 634-645.

Hansen M, Kraft T, Ganestam S, et al, 2001. Linkage disequilibrium mapping of the bolting gene in sea beet using AFLP markers [J]. Genetical Research, 77 (1): 61-66.

Heath DD, Lwama GK, Devlin RH, 1993. PCR primed with VNTR core sequences yields species specific patterns and hypervariable probes [J]. Nucleic Acids Research, 21 (24): 5782.

Huang Q, Baum L, Fu WL, 2010. Simple and practical staining of DNA with GelRed in agarose gel electrophoresis [J]. Clinical Laboratory, 56 (3-4): 149-152.

Ince AG, Karaca M, 2012. Species-specific touch-down DAMD-PCR markers for Salvia species [J]. Journal of Medicinal Plant Research, 6 (9): 1590-1595.

Jia XP, Shi YS, Song YC, et al, 2007. Development of EST-SSR in foxtail millet (*Setaria italica*) [J]. Genetic Resources and Crop Evolution, 54 (2): 233-236.

Jones C, Edwards K, Castaglione S, et al, 1997. Reproducibility testing of RAPD, AFLP and SSR markers in plants by a network of European laboratories [J]. Molecular breeding, 3 (5): 381-390.

Kang HW, Park DS, Go SJ, et al, 2002. Fingerprinting of diverse genomes using PCR with universal rice primers generated from repetitive sequence of Korean weedy rice [J]. Molecules & Cells, 13 (2): 281.

Kraft T, Hansen M, Nilsson NO, 2000. Linkage disequilibrium and fingerprinting in sugar beet [J]. Theoretical and Applied Genetics, 101 (3): 323-326.

Laurent V, Devaux P, Thiel T, et al, 2007. Comparative effectiveness of sugar beet microsatellite markers isolated from genomic libraries and GenBank ESTs to map the sugar beet genome [J]. Theoretical and applied genetics Theoretische und angewandte Genetik, 115 (6): 793-805.

Li G, Quiros CF, 2001. Sequence-related amplified polymorphism (SRAP), a new marker system based on a simple PCR reaction: its application to mapping and gene tagging in Brassica [J]. Theoretical and Applied Genetics, 103 (2-3): 455-461.

Li J, Britta S, Benjamin S, 2010. Population structure and genetic diversity in elite sugar beet germplasm investigated with SSR markers [J]. Euphytica, 175 (1): 35-42.

Liu LW, Zhao LP, Gong YQ, et al, 2008. DNA fingerprinting and genetic diversity analysis of late-bolting radish cultivars with RAPD, ISSR and SRAP markers [J]. Scientia Horticulturae, 116 (3): 240-247.

Liu Q, Cheng D, Yang L, et al, 2012. Construction of digital fingerprinting and cluster analysis using ISSR markers for sugar beet cultivars (lines) [J]. Transactions of the Chinese Society of Agricultural Engineering, 28: 280-284.

Lunn G, 1990. Decontamination of ethidium bromide spills [J]. Trends in Genetics, 6 (2): 31.

Macgregor JT, Johnson IJ. 1977. In vitro metabolic activation of ethidium bromide and other phenanthridinium compounds: mutagenic activity in Salmonella typhimurium [J]. Mutation Research/fundamental & Molecular Mechanisms of Mutagenesis, 48 (1): 103.

McGregor C, Lambert C, Greyling M, et al, 2000. A comparative assessment of DNA fingerprinting techniques (RAPD, ISSR, AFLP and SSR) in tetraploid potato (*Solanum tuberosum* L.) germplasm [J]. Euphytica, 113 (2): 135-144.

Meyers JA, Sanchez D, Elwell LP, et al, 1976. Simple agarose gel electrophoretic method for the identification and characterization of plasmid deoxyribonucleic acid [J]. Journal of Bacteriology, 127 (3): 1529-1537.

Möhring S, Salamini F, Schneider K, 2005. Multiplexed, linkage group-specific SNP marker sets for rapid genetic mapping and fingerprinting of sugar beet (*Beta vulgaris* L.) [J]. Molecular Breeding, 14 (4): 475-488.

Mörchen M, Cuguen J, Michaelis G, et al, 1996. Abundance and length polymorphism of microsatellite repeats in *Beta vulgaris* L [J]. Theoretical and Applied Genetics, 92 (3): 326-333.

Munthali M, Newbury H, Ford-Lioyd B, 1996. The detection of somaclonal variants of beet using RAPD [J]. Plant Cell Reports, 15 (7): 474-478.

Nagl N, Weiland J, Lewellen R, 2007. Detection of DNA polymorphism in sugar beet bulks by SRAP and RAPD markers [J]. Journal of Biotechnology, 131 (2-supp-S): S32.

Nilsson NO, Hansen M, Panagopoulos A, et al, 2008. QTL analysis of Cercospora leaf spot resistance in sugar beet [J]. Plant breeding, 118 (4): 327-334.

Ouchi RY, Manzato AJ, Ceron CR, et al, 2007. Evaluation of the effects of a single exposure to ethidium bromide in *Drosophila melanogaster* (Diptera-Drosophilidae) [J]. Bulletin of Environmental Contamination and Toxicology, 78 (6): 489-493.

Pakseresht F, Talebi R, Karami E, 2013. Comparative assessment of ISSR, DAMD and SCoT markers for evaluation of genetic diversity and conservation of landrace chickpea (*Cicer arietinum* L.) genotypes collected from north-west of Iran [J]. Physiology and Molecular Biology of Plants, 19 (4): 563-574.

Park YH, Alabady MS, Ulloa M, et al, 2005. Genetic mapping of new cotton fiber loci using EST-derived microsatellites in an interspecific recombinant inbred line cotton population [J]. Molecular Genetics and Genomics, 274 (4): 428-441.

Peleman JDJ, 2003. Breeding by design [J]. Trends in Plant Science, 8 (7): 330-334.

Qureshi SN, Saha S, Kantety RV, et al, 2004. EST-SSR: a new class of genetic markers in cotton [J]. Journal of Cotton Science, 8 (2): 112-123.

Rae S, Aldam C, Dominguez I, et al, 2000. Development and incorporation of microsatellite markers into the linkage map of sugar beet (*Beta vulgaris* spp.) [J]. Theoretical and Applied Genetics, 100 (8): 1240-1248.

Richards CM, Brownson M, Mitchell SE, et al, 2004. Polymorphic microsatellite markers for inferring diversity in wild and domesticated sugar beet (*Beta vulgaris*) [J]. Molecular Ecology Notes, 4 (2): 243-245.

Russell BL, Rathinasabapathi B, Hanson AD, 1998. Osmotic stress induces expression of choline monooxygenase in sugar beet and amaranth [J]. Plant Physiology, 116 (2): 859-865.

Sabir A, Newbury H, Todd G, et al, 1992. Determination of genetic stability using isozymes and RFLPs in beet plants regenerated in vitro [J]. Theoretical and Applied Genetics, 84 (1-2): 113-117.

Schmidt T, Heslop-Harrison J, 1996. The physical and genomic organization of microsatellites in sugar beet [J]. Proceedings of the National Academy of Sciences, 93 (16): 8761.

Schneider K, Kulosa D, Soerensen TR, et al, 2007. Analysis of DNA polymorphisms in sugar beet (*Beta vulgaris* L.) and development of an SNP-based map of expressed genes [J]. Theoretical and Applied Genetics, 115 (5): 601-615.

Schondelmaier J, Steinrücken G, Jung C, 1996. Integration of AFLP markers into a linkage map of sugar beet (*Beta vulgaris* L.) [J]. Plant breeding, 115 (4): 231-237.

Sen A, Alikamanoglu S, 2012. Analysis of drought-tolerant sugar beet (*Beta vulgaris* L.) mutants induced with gamma radiation using SDS-PAGE and ISSR markers [J]. Mutation Research/Fundamental and Molecular Mechanisms of Mutagenesis, 738: 38-44.

Singer VL, Lawlor TE, Yue S, 1999. Comparison of SYBR®: Green I nucleic acid gel stain mutagenicity and ethidium bromide mutagenicity in the *Salmonella* /mammalian microsome reverse mutation assay (Ames test) [J]. Mutation Research/genetic Toxicology & Environmental Mutagenesis, 439 (1): 37-47.

Smulders MJ, Esselink GD, Everaert I, et al, 2010. Characterisation of sugar beet (*Beta vulgaris* L. ssp. *vulgaris*) varieties using microsatellite markers [J]. BMC genetics, 11: 41.

Srivastava S, Gupta PS, Saxena VK, et al, 2007. Genetic diversity analysis in sugarbeet (*Beta vulgaris* L.) using isozymes, RAPD and ISSR markers [J]. Cytologia, 72 (3): 265-274.

Tenaillon MI, Sawkins MC, Long AD, et al, 2001. Patterns of DNA sequence polymorphism along chromosome 1 of maize (*Zea mays* ssp. *mays* L.) [J]. Proceedings of the National Academy of Sciences, 98 (16): 9161-9166.

Tu M, Lu BR, Zhu Y, et al, 2007. Abundant within-varietal genetic diversity in rice germplasm from Yunnan Province of China revealed by SSR fingerprints [J]. Biochemical Genetics, 45 (11-12): 789-801.

Uphoff H, Wricke G, 1995. A genetic map of sugar beet (*Beta vulgaris*) based on RAPD markers [J]. Plant breeding, 114 (4): 355-357.

Viard F, Bernard J, Desplanque B, 2002. Crop-weed interactions in the *Beta vulgaris* complex at a local scale: allelic diversity and gene flow within sugar beet fields [J]. Theoretical and Applied Genetics, 104 (4): 688-697.

Vos P, Hogers R, Bleeker M, et al, 1995. AFLP: a new technique for DNA fingerprinting [J]. Nucleic acids research, 23 (21): 4407-4414.

Weber K, Osborn M, 1969. The reliability of molecular weight determinations by dodecyl sulfate-polyacrylamide gel electrophoresis [J]. Journal of Biological Chemistry, 244 (16): 4406.

Williams JG, Kubelik AR, Livak KJ, et al. 1990. DNA polymorphisms amplified by arbitrary primers are useful as genetic markers [J]. Nucleic Acids Research, 18 (22): 6531-6535.

Wu MQ, 2011. An analysis of the genetic diversity and genetic structure of Eucommia ulmoides using inter-simple sequence repeat (ISSR) markers [J]. African Journal of Biotechnology, 10 (84): 19505-19513.

参 考 文 献

Xu M, Sun Y, Li H, 2010. EST-SSRs development and paternity analysis for *Liriodendron* spp [J]. New Forests, 40 (3): 361-382.

Zietkiewicz E, Rafalski A, Labuda D, 1994. Genome fingerprinting by simple sequence repeat (SSR) -anchored polymerase chain reaction amplification [J]. Genomics, 20 (2): 176-183.